Jeanette Schulz

Gedächtnistheorien und Mnemotechniken

Eine künstlerisch-wissenschaftliche Betrachtung

Springer-Verlag Wien New York

Mag. Art Jeanette Schulz
Besanstraße 4
D-28779 Bremen

Satz: Reproduktionsfertige Vorlage der Autorin

Gedruckt auf säurefreiem, chlorfrei gebleichtem Papier – TCF

ISBN-13: 978-3-211-82638-6 e-ISBN-13: 978-3-7091-9387-7

DOI:10.1007/978-3-7091-9387-7

Springer-Verlag Wien New York

Geleitwort

Zeus zeugte mit Mnemosyne die neun Musen. In die heutige, nüchterne Denkweise übersetzt: Die geistige Schöpferkraft und das Gedächtnis sind unverzichtbare Vorbedingungen für das gesamte Wissen und die Kultur der Welt. Diese grundlegende Wahrheit wird so lange gültig bleiben, als es Menschen gibt. Während die Antike die große Bedeutung dieser beiden Faktoren für die Existenz und Fortentwicklung des Menschen klar erkannte und beide pflegte, haben die Positionen Zeus' und Mnemosynes im Lauf der Geschichte in ihrer Achtung durch den Menschen weitgehende Veränderungen erfahren. Zwar wurde die Bedeutung der geistigen Schöpferkraft bis auf einige Schwankungen in unserem Jahrhundert hoch gehalten, die Wichtigkeit des Gedächtnisses und dessen Schulung wurde aber nur wenig beachtet. Aus diesem Grund ist auch die Mnemonik, die Wissenschaft und Kunst der Mnemotechniken, seit dem Mittelalter immer mehr in Vergessenheit geraten. Dabei hätte sie die Menschheit nie notwendiger gebraucht als in unserem Jahrhundert, da der Mensch, um weiterzubestehen, eine ungeheure Fülle von Kenntnissen zu erinnern und zu bewältigen hat. Mnemonik war ein Teil der Rhetorik, die ebenfalls in Vergessenheit, wenn nicht sogar – zu unrecht – in Mißkredit geraten ist; und es ist kein Zufall, wenn Walter Jens, der gegenwärtig bedeutendste Proponent dieser fast vergessenen Kunst, immer wieder auf die Wichtigkeit der Mnemonik hinweist.

Das vorliegende Buch verdankt seine Existenz einem Zufall: Jeanette Schulz, Absolventin der Hamburger Hochschule für Bildende Künste, studierte auch Neurowissenschaften. Bedrängt durch die Fülle von Bildern, die in ihr entstanden, und durch ihre Befassung mit Hirnforschung überzeugt von der Notwendigkeit rationalen Denkens, stieß sie auf die Geschichte der Vorstellungen vom Denken und damit auch auf jene der Mnemonik und gelangte so dazu, ihre eigene Ordnung der sich aufdrängenden bildhaften Assoziationen zu entwickeln. Daraus entstand dieses Buch, das dank dem Springer-Verlag Wien diese Ideen einem größeren Kreis nahebringen konnte. Das Buch ist keineswegs als Lehrbuch gedacht; es bietet eine kurze, amüsant bebilderte Geschichte der Ansichten über das Denken der vergangenen zweieinhalb Jahrtausende und auf jeder Seite die von der Verfasserin entworfenen bildhaften Vorstellungen, die in ihr aufkamen, um den dazugehörigen Text im Gedächtnis zu behalten. Diese phantasievollen, häufig bizarren, humorvollen Gebilde zeugen nicht nur von überschäumender Phantasie und Kreativität, sondern unterstreichen auch, wie wichtig es ist, für Gedächtnisstützen möglichst irreale Gebilde heranzuziehen.

Was diese Bilder auf keinen Fall sein wollen: eine Lernhilfe zur Erlangung eines besseren Gedächtnisses.

H. Petsche

Einleitung

„Die Methode bestimmt, was wir behalten können."
„Gedächtnistheorien und Mnemotechniken" – eine Einführung – ist ein Projekt aus dem geistigen Raum meines künstlerisch-wissenschaftlichen Gesamtkonzeptes, den ich als „Offenes Labor" bezeichne. In unterschiedlichen Arbeits- und Untersuchungsfeldern überprüfe und beuge ich die Methoden, Handgriffe und Werkzeuge der Wissenschaft. Im Mittelpunkt meiner Betrachtungen stehen Struktur, Ablauf und Merkmale von Entwicklungsprozessen, sowohl auf Ebene der Ontogenese als auch der kenntnisgewinnenden Prozesse. Hier operiere ich an der Schnittstelle von Begrifflich-Faßbarem und Absurdem.
Auf diesen Seiten subsumieren sich meine bisherigen Untersuchungen der Konzepte von Gedächtnistheorien und Mnemotechniken aus den vergangenen zweieinhalb Jahrtausenden. Die Arbeit ist in einen theoretischen (Blatt 1–27), einen praktischen (Blatt A–G) und einen experimentellen Teil (Figur 0–26, „Ei bis Armbanduhr") gegliedert.
Die Darstellungen auf den Blättern 1–27 geben einen Einblick in die Geschichte der Gedächtnistheorien psychischer wie physischer Natur und in die parallel dazu entwickelten Mnemotechniken.
Auf die im theoretischen Teil veranschaulichten Mnemotechniken beziehen sich im Anhang die Blätter A–G. Es sind Beispiele aus meinen früheren Arbeitsfeldern, in denen ich die Struktur und Organisation des Gedächtnisses sowie der Mnemotechniken künstlerisch-wissenschaftlich untersuchte und ihre Anwendbarkeit in der Gegenwart überprüfte.
In den Figuren „Ei bis Armbanduhr" erprobe ich die Wirksamkeit einer von mir favorisierten Mnemotechnik, der „Hilfsbild-Methode". Hier werden Zahlen in Bilder verwandelt, die der Reihe nach mit den zu merkenden Fakten zu Gedächtnisbildern „umassoziiert" werden, welche die schrittweise Erinnerung an die ursprünglichen Informationen erheblich erleichtern. In diesem Fall ist es der theoretische Teil der Einführung, den ich mit dieser Methode transformiere. So steht den Blättern 1–27 jeweils ein Gedächtnisideogramm gegenüber, das meine privaten Assoziationsstrategien veranschaulicht. Ein Beispiel: Das erste Hilfsbild, ein Ei (siehe Blatt F), ist das Spielfeld, auf dem die Umcodierung der Fakten der gegenüberliegenden Seite (Blatt 1) stattfindet. Auf diesem Feld werden jene Fakten – auch wieder beim „Ei" beginnend – Satz für Satz in Gedächtniszeichen umgewandelt und auf dem „Ei" angeordnet. Für die Leser ist der Erinnerungsweg durch die Zeichenwelten des Ideogramms mit Buchstaben markiert. (Beispielsweise werden die neun Musen von den Zeichen f 1–9 repräsentiert.)
Die Assoziation ist eine „Gedankenfigur", die in allen Mnemotechniken wirksam ist. Je absurder das Ergebnis des Assoziationsvorganges, desto energiereicher ist der Affekt, der im Gedächtnisbild verschlüsselt ist. Es ist jene Energie, die dann bei Bedarf den Erinnerungsvorgang einleitet und trägt. Das Memorieren mit Hilfe von Bildassoziationen ist insofern sinnvoll, als ein großer Teil der Großhirnrinde von den Verarbeitungszentren des visuellen Systems eingenommen wird. Neuere biochemische Untersuchungen lassen darauf schließen, daß neuronale Veränderungen, die als Ort für eine Gedächtnisspeicherung angesehen werden, in den letzten Stufen des Sehsystems zu finden sind.
Die Kanalisierungs- und Transformationsstrategien der Mnemotechniken sind schlicht gewebt und schnell zu verstehen. Der geistige Aufwand besteht darin, die jeweilige Methode wie das Alphabet zu beherrschen. Ist eine Mnemotechnik erst einmal in Fleisch und Blut übergegangen, sind die Tore zu den skurrilsten Gedankengängen und Szenen geöffnet. Das Abenteuer kann beginnen.

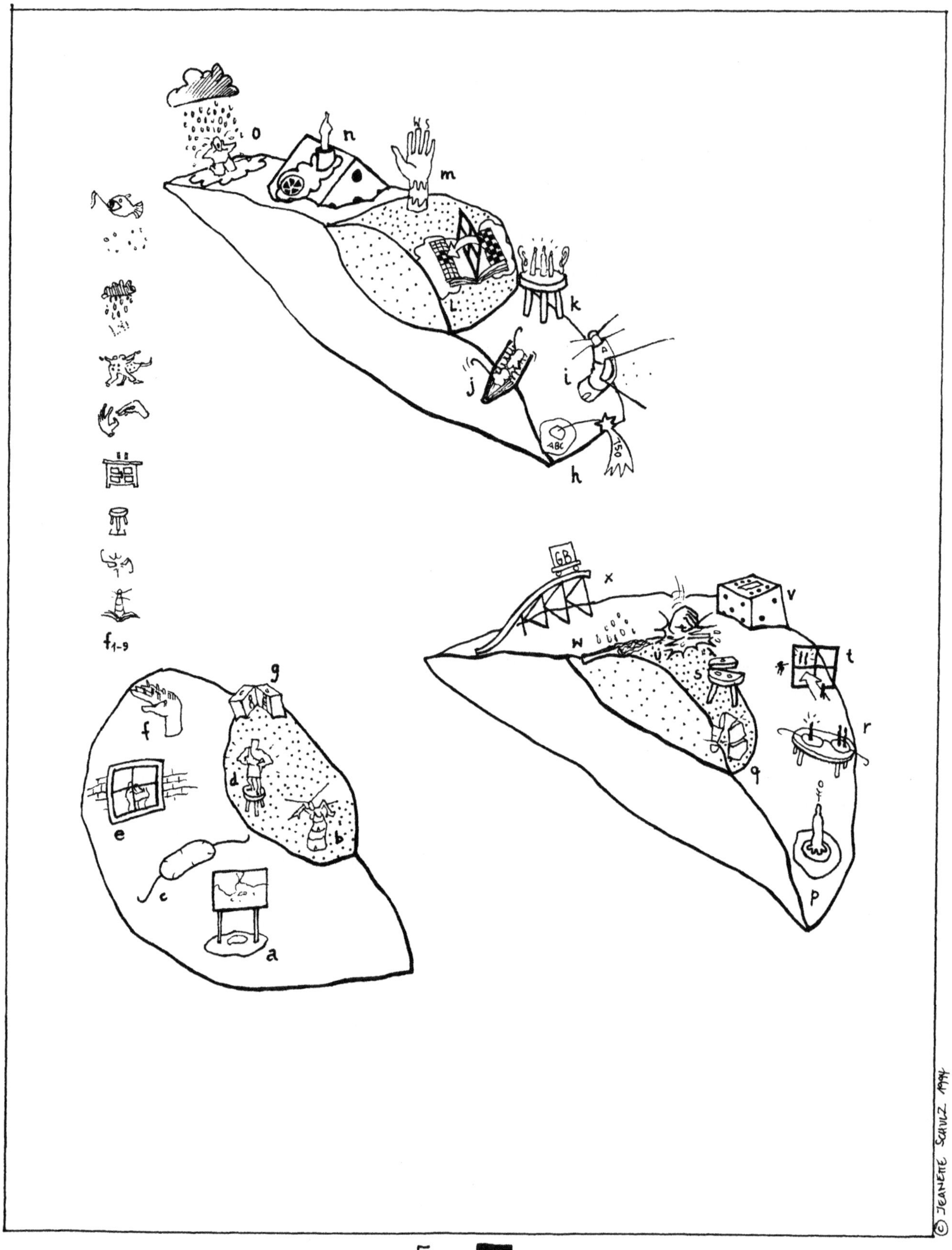
o
n
m
l
k
j
i
h
ABC
150
f1-9
g
f
e
d
c
b
a
GB
x
v
w
u
t
s
r
q
p
© JEANETTE SCHULZ 1994

Fig.: 0

IN DER GRIECHISCHEN MYTHOLOGIE WAR DEM GEDÄCHTNIS EINE GOTTHEIT ZUGEORDNET. SIE HIEß MNEMOSYNE. VON IHREM NAMEN WIRD DER BEGRIFF ›MNEMONIK‹ ABGELEITET. ER UMFASST DIE GESAMTHEIT ALLER MNEMOTECHNIKEN. ZEUS WOHNTE NEUN TAGE UND NÄCHTE BEI IHR UND ZEUGTE DIE NEUN MUSEN (DIE GÖTTINNEN DER GESCHICHTE, DER TRAGÖDIE, DES EPOS, DER KOMÖDIE, DER PANTOMIME, DES TANZES, DER LYRIK, DER ASTRONOMIE UND DER MUSIK). NACH DEM GLAUBEN DER GRIECHEN WURDEN AUS DER VEREINIGUNG VON KRAFT (ZEUS) UND GEDÄCHTNIS (MNEMOSYNE) KREATIVITÄT UND WISSEN GEBOREN.

UM 750 V. CHR. WURDE DAS ALPHABET ERFUNDEN. DIE KULTURELLE ÜBERLIEFERUNG DER GRIECHEN FAND ÜBERWIEGEND AUF ORALEM WEG STATT. MNEMOTECHNIKEN WAREN EIN FESTER BESTANDTEIL DER RHETORIK. DICHTER, SÄNGER UND VOLKSREDNER MACHTEN JENE KUNST POPULÄR. DIE FRÜHEN MNEMOTECHNIKEN GABEN DEM HÖRSINN VORRANG. TEXTE WURDEN ÜBER DEN (ABB.:1) RHYTHMUS UND DEM ECHO DER WORTE MEMORIERT (ENTSPRECHEND AUCH KONSTRUIERT). AUS DEM 'ECHO' ENTWICKELTEN SICH ZWEI GEDÄCHTNISARTEN: DAS WORT- UND DAS SACHGEDÄCHTNIS. BEIDE ARBEITETEN MIT DEM VISUELLEN VORSTELLUNGSVERMÖGEN. ERSTERES VERWAHRTE DIE 'BILDER', DIE DURCH ETYMOLOGISCHE ZERGLIEDERUNG DER WÖRTER GEWONNEN WURDEN. DIE DINGE DES SACHGEDÄCHTNISSES WURDEN VON STATUEN ODER BILDERN VON GÖTTERN UND MENSCHEN AUFBEWAHRT. DAß EMOTIONEN LERN- UND GEDÄCHTNISPROZESSE BEEINFLUSSEN, IST EINE ERKENNTNIS AUCH SCHON AUS JENER ZEIT.

ABB.:1

SIMONIDES VON KEOS (556-486) WIRD ALS ERFINDER DER GEDÄCHTNISKUNST ANGESEHEN. DER LEGENDE NACH RESULTIERTE DIE KUNST AUS DEN FOLGEN EINER KATASTROPHE. ANLAß WAR EIN GEDICHT, DAS ER ALS GAST EINER TAFELRUNDE ZU EHREN DES GASTGEBERS ›SKOPAS‹ UND DEN ZWILLINGSGÖTTERN ›KASTOR UND POLLUX‹ VORTRUG. SKOPAS WOLLTE AUS DEM GRUNDE NUR DEN HALBEN PREIS FÜR DIE DICHTUNG ZAHLEN. DIE ANDERE HÄLFTE SOLLTE ER SICH VON DEN ZWILLINGSGÖTTERN BEZAHLEN LASSEN. NACH DIESEM VORFALL BESTELLTE EIN DIENER SIMONIDES VOR DAS GEBÄUDE. DORT WARTETEN ZWEI JUNGE MÄNNER. KAUM WAR ER DRAUßEN, STÜRZTE DAS GEBÄUDE EIN UND BEGRUB DIE GÄSTE, ZUR UNKENNTLICHKEIT VERSTÜMMELT, UNTER DEM SCHUTT. DA SIMONIDES MIT HILFE DER SITZORDNUNG SEIN WERK MEMORIERTE, KONNTE ER DIE TOTEN IDENTIFIZIEREN (ABB.:2). IN SEINER SCHRIFT ›ARS MEMORATIVA‹ WIES ER AUF DIE WICHTIGKEIT EINES PLANMÄßIG GEORDNETEN INHALTS HIN: ALS GEISTIGE BILDER ANGEORDNET, DIE AN REALE DINGE GEHEFTET WURDEN.

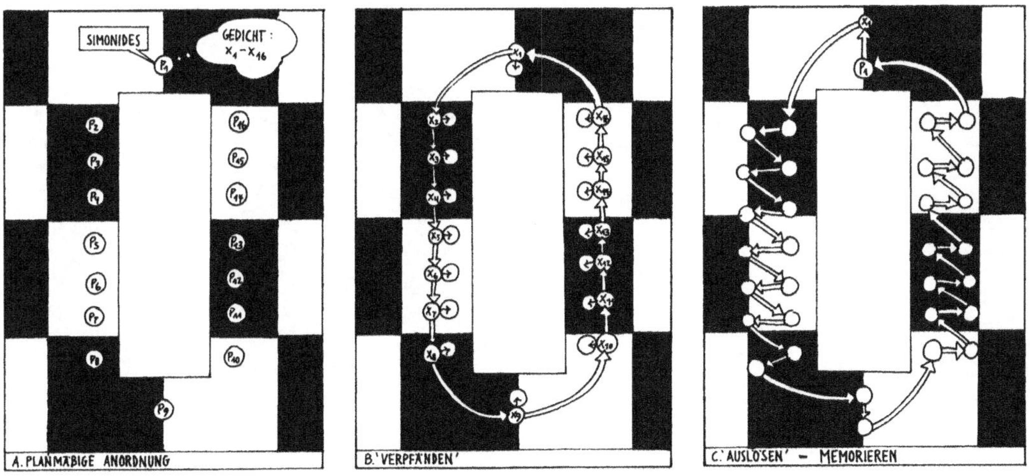

ABB.:2

GEDÄCHTNISTHEORIEN UND MNEMOTECHNIKEN

Fig.:

ERSTE SYSTEMATISCHE ANSÄTZE FÜR DIE KÖRPERLICHE UND GEISTIGE BASIS DES GEDÄCHTNISSES:

PARMENIDES AUS ELEA (540-480) SAH DAS GEDÄCHTNIS ALS EINE MISCHUNG AUS HEIß UND KALT - ODER HELL-DUNKEL AN. EIN VOLLKOMMENES GEDÄCHTNIS SOLLTE AUF EINER AUSGEWOGENEN UND KONSTANTEN VERTEILUNG JENER FAKTOREN BASIEREN. DAS VERGESSEN BERUHTE AUF GEGENTEILIGEN FAKTOREN. (ABB.: 3; 4)

ABB.:3

ABB.:4

ALKMAION VON KROTON NAHM DAMALS ALS EINER DER ERSTEN SEKTIONEN VOR. ER ERKANNTE, DAß SICH DAS GEHIRN FÜR DIE SEH-HÖR-RIECHWAHR ($S_{1,2,3}$) NEHMUNG VERANTWORTLICH ZEIGTE. AUS DER MISCHUNG DER SINNESWAHRNEHMUNGEN SOLLTEN DAS GEDÄCHTNIS UND DIE VORSTELLUNG RESULTIEREN①.

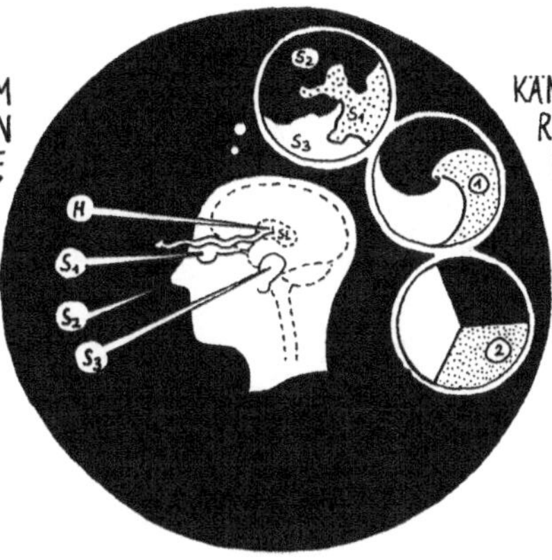

KÄME JENE MISCHUNG ZUR RUHE, HÄTTE DAS 'WISSEN'② ZUR FOLGE. DIE SEELE (SL) SAH ER IN DEN HÖHLEN (H) DES GEHIRNS, ALS PNEUMA, ENTHALTEN. DIESES PNEUMA SOLLTE AUS DEN HÖHLEN ZU DEN AUGEN HERAUSSTRÖMEN. (ABB.: 5)

ABB.:5

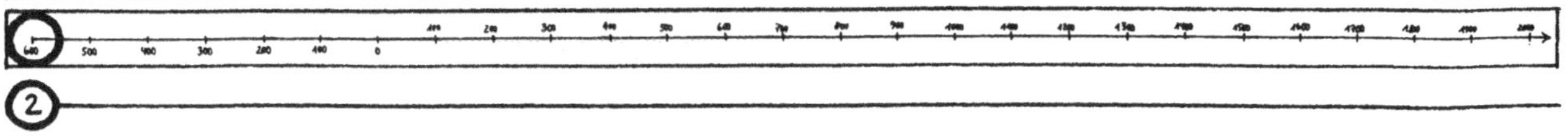

Fig.:

CA. 500 V.CHR DEUTETE DIOGENES VON APOLLONIUS DAS GEDÄCHTNIS ALS EINEN AUF DIVERSEN EINZELVORGÄNGEN BASIERENDEN VORGANG, DER DIE LUFT (L) IM KÖRPER GLEICHMÄßIG VERTEILTE. DIE GEDÄCHTNISFUNKTIONEN ORDNETE ER NICHT DEN HÖHEREN HIRNREGIONEN ZU (ABB.:6).

HIPPOKRATES (460-377), VATER DER MEDIZIN, ENTMYSTIFIZIERTE DIE EPILEPSIE. ER ERKANNTE, DAß JENE KRANKHEIT AUF EINER FUNKTIONSSTÖRUNG DES GEHIRNS BERUHTE. IN SEINEN AUSFÜHRUNGEN INTERPRETIERTE ER DAS GEHIRN ALS DRÜSE, WEIß UND BRÖCKELIG IM AUSSEHEN. DESWEITEREN ERWÄHNTE ER ALS ERSTER DIE BEIDEN GROßHIRN-HEMISPHÄREN (ABB.:7a).
DAS GEHIRN SAH ER FÜR ALLE SINNESEMPFINDUNGEN VERANTWORTLICH. HÄNDE, AUGEN, ZUNGE UND FÜßE SIND AUSFÜHRENDE ORGANE, VOM VERSTAND (GEHIRN) GELEITET. DAS MEDIUM (L) FÜR DIE DENKVORGÄNGE WAR IN SEINER THEORIE NICHT DAS GEHIRN, SONDERN DIE LUFT (L). VON DER NASE EINGESOGEN, GELANGTE SIE IN DAS GEHIRN UND SOLLTE SICH DANN IM GANZEN KÖRPER VERTEILEN (ABB.:7).

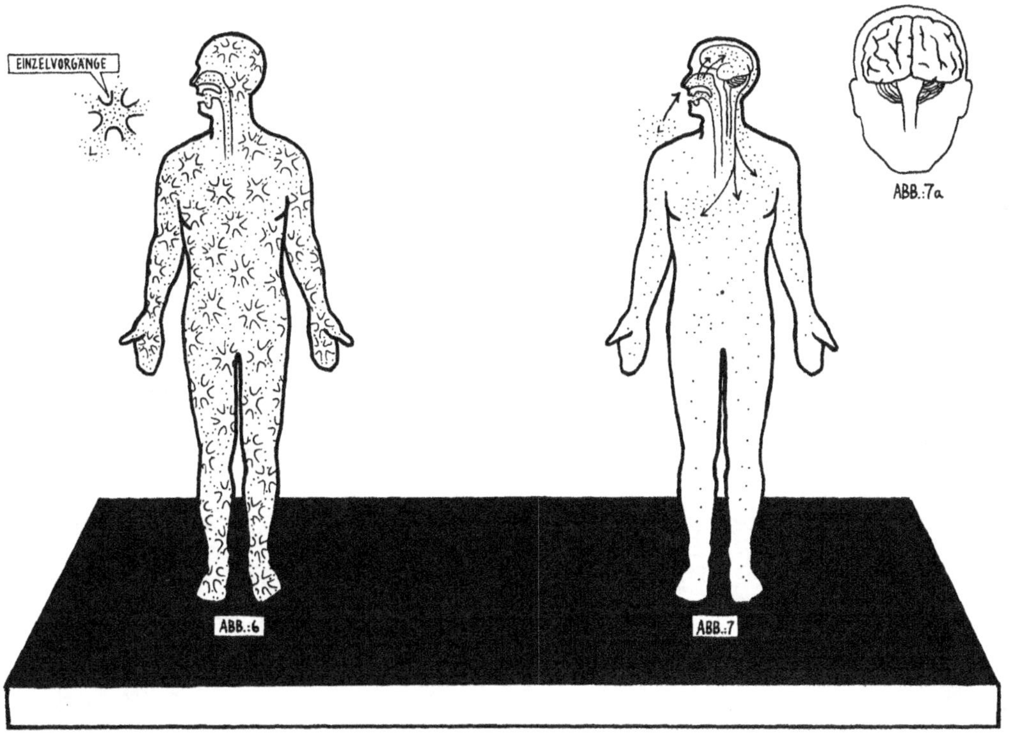

ABB.:6 ABB.:7

ABB.:7a

HERAKLIT (540-480), GENANNT 'DER DUNKLE' (WEGEN DER SCHWERVERSTÄNDLICHKEIT SEINER PHILOSOPHISCHEN IDEEN) EMPFAHL ALS 'TEXTMEMORIERMETHODE' DEN RÜCKGRIFF AUF RHYTHMISCH ALTERNIERENDE GEGENSATZPAARE.

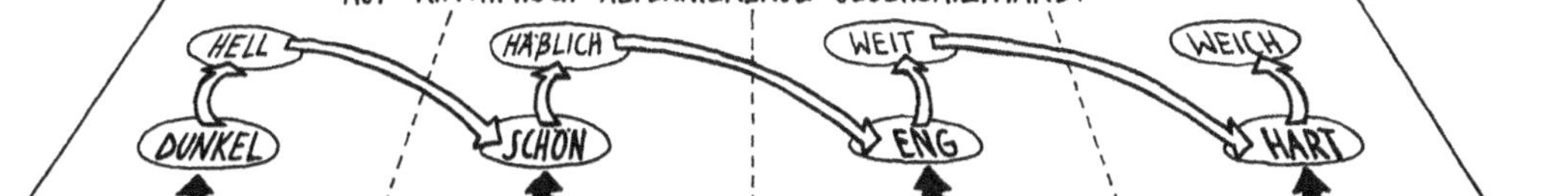

ABB.:8

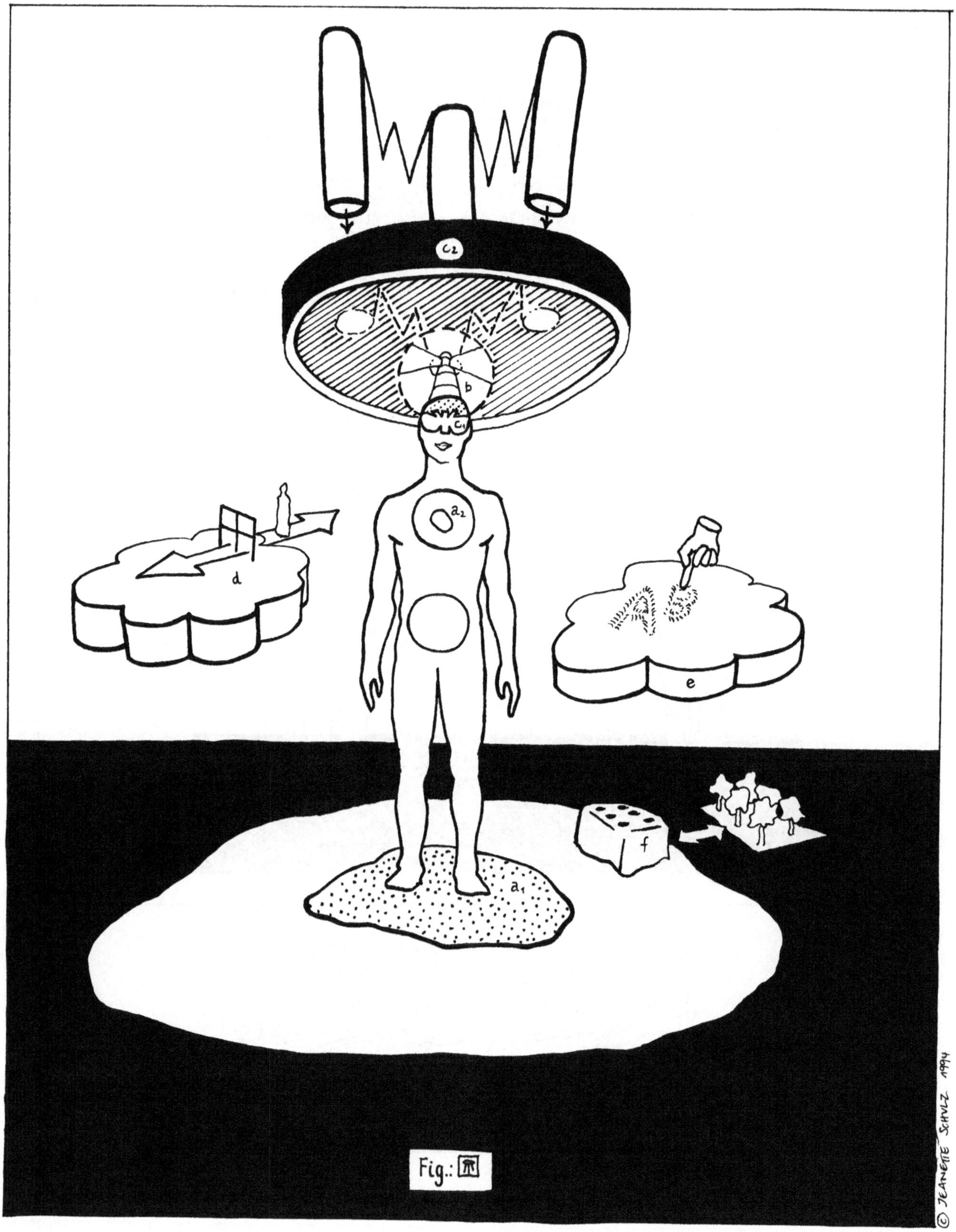

Fig.:

PLATONS (427-347) KONZEPTION:

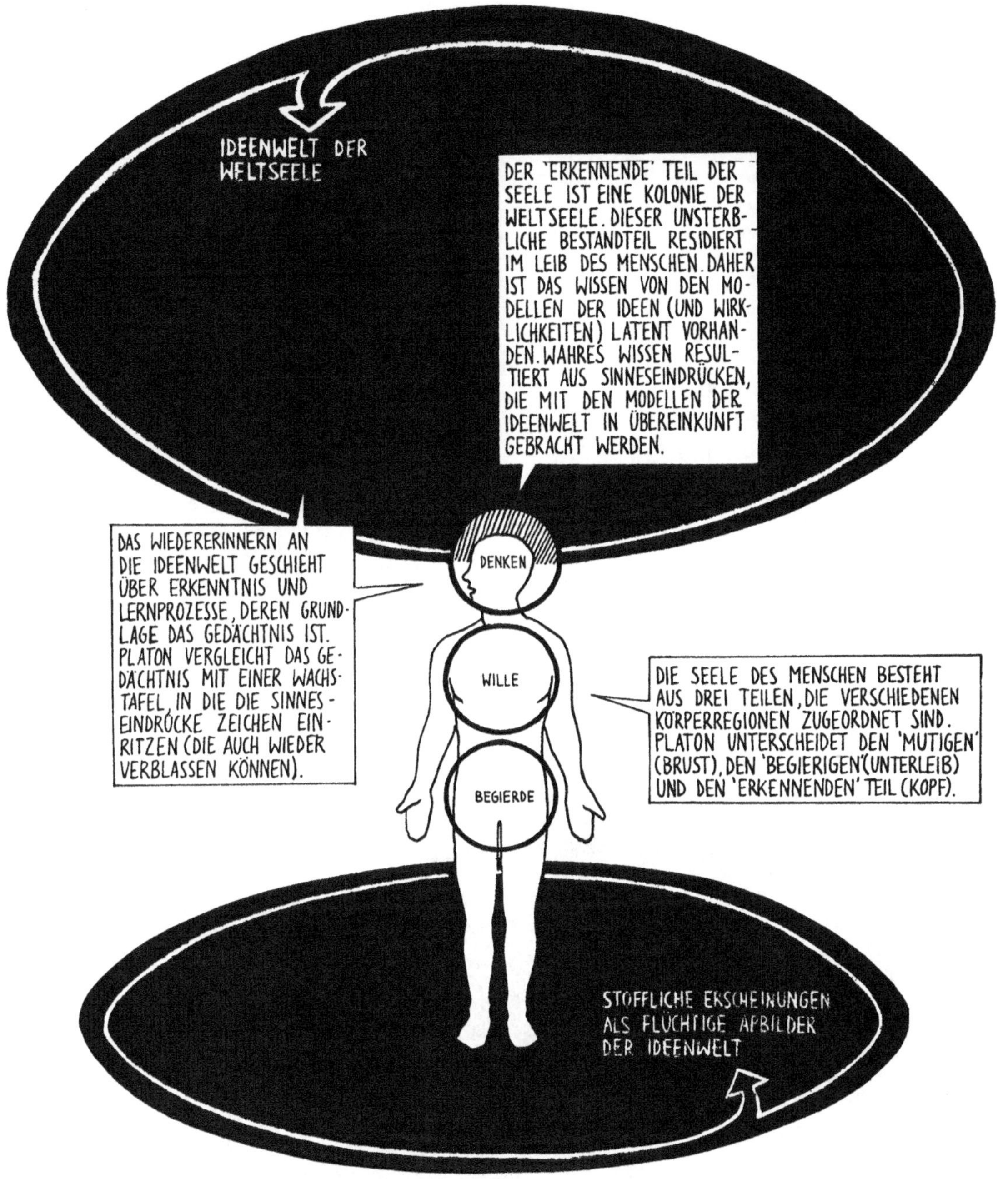

ABB.:9

DIE ETABLIERUNG DES ALPHABETS RIEF BEI PLATON ZWEIFEL HERVOR: SCHRIFTEN LIEFERTEN 'FREMDE ZEICHEN', MIT DEREN HILFE SICH NICHT 'AUS SICH SELBST HERAUS' ERINNERT WERDEN KÖNNTE – SO, WIE ES BEI DEM 'GEDÄCHTNIS' DER FALL WÄRE.

Fig.: ⊞

ARISTOTELES (384-322) ENTWICKELTE WISSENSCHAFTLICHE TERMINI FÜR DIE PHYSISCHEN ASPEKTE DES GEDÄCHTNISSES. ER SCHRIEB DEM HERZEN DIE FUNKTIONEN ZU, DIE WIR DEM GEHIRN ZUORDNEN. ALS BASIS FÜR DAS GEDÄCHTNIS WÄHNTE ER DIE BEWEGUNG DES BLUTES. EIN LANGSAMER BLUTSTROM FÜHRTE ZUM VERGESSEN. DA EIN FREIGELEGTES GEHIRN NICHT REIZBAR UND KÜHLER ALS DIE RESTLICHEN KÖRPERREGIONEN SCHIEN, INTERPRETIERTE ER DIE WINDUNGEN ALS KÜHLRIPPEN. DAS 'LUFTSEELE' KONZEPT VERWARF ER ZU GUNSTEN EINES 'LUFTGEHIRN' KONZEPTES. DIE EINGEATMETE LUFT SOLLTE DIE KÜHLUNGSMASCHINERIE DES GEHIRNS AKTIVIEREN UND SICH ZB.: AUF DEN SCHLAF AUSWIRKEN.

ABB.: 10a: SCHNITT DURCH DIE KÜHLRIPPEN DES GEHIRNS

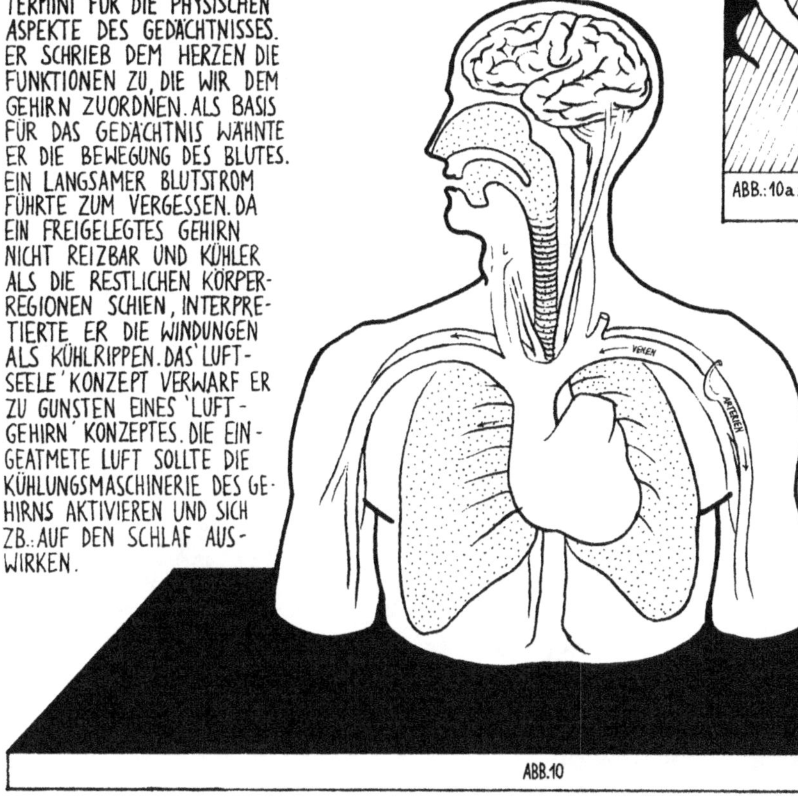

ABB. 10

THEORIEN ZUM AUFBAU DES GEDÄCHTNISSES UND DEN MECHANISMEN DER ERINNERUNG FINDEN SICH IN SEINEN SCHRIFTEN 'DE ANIMA' UND 'DE MEMORIA ET REMINISCENTIA'. IN 'DE ANIMA' ENTFALTET ER SEINE ERKENNTNISTHEORIE UND FORMULIERT DIE BASIS FÜR SEINE AUSFÜHRUNGEN ZUM THEMA 'GEDÄCHTNIS'. WAHRNEHMUNGEN SIEHT ER VON DER EINBILDUNGSKRAFT BEARBEITET. LETZTERE VERMITTELT ZWISCHEN DEN WAHRNEHMUNGEN UND DEM DENKEN - MIT DEM ZIEL, BILDER AUSZUFORMEN, DIE DEM 'GEISTIGEN VERMÖGEN' ALS 'MATERIAL' ZUR VERFÜGUNG STEHEN. DIE SCHRIFT 'DE MEMORIA ET REMINISCENTIA' LIEFERT DEFINITIONEN FÜR DAS GEDÄCHTNIS UND DIE ERINNERUNG (S. ABB.: 11).

ABB.: 11

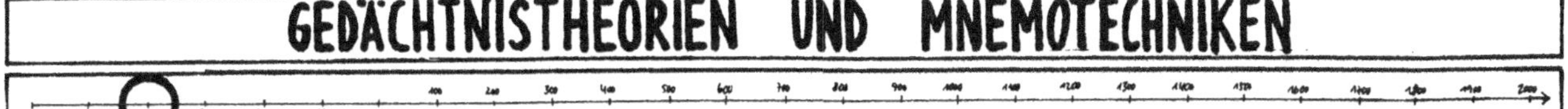

Fig.:

HEROPHILOS UND ERISTRATOS (ALEXANDRINISCHE GELEHRTE, CA. 300 V. CHR.) LOKALISIERTEN DAS GEISTIGE VERMÖGEN IN DEN VENTRIKELN DES GEHIRNS. SIE NAHMEN AN GEFANGENEN UND GLADIATOREN TAUSENDE VON SEKTIONEN VOR. IHR WISSENSSTAND WURDE ERST IM SIEBZEHNTEN JAHRHUNDERT ÜBERBOTEN.

HEROPHILOS (DER ÄLTERE) LEGTE DAS GEISTIGE VERMÖGEN IN DIE HAND VON VITALEN UND ANIMALEN GEISTERN. ERSTERE ORDNETE ER EINER HÖHEREN SEINSSTUFE ZU. JENE SOLLTEN DIE NIEDEREN ANIMALISCHEN GEISTER ZEUGEN, ZU DENEN GEHIRN, NERVENSYSTEM UND DAS GEDÄCHTNIS GEHÖRTEN. ER BESCHRIEB ALS ERSTER DAS GROß UND KLEINHIRN, DIE HIRNHÄUTE UND VENTRIKEL (ABB.: 12, 12a).

ERISTRATOS VERGLICH DIE HIRNWINDUNGEN MIT DARMSCHLINGEN (ABB.: 12, 12b). IN DEN FALTUNGEN DER GROßHIRNRINDE VERMUTETE ER GRÜNDE FÜR DIE ÜBERLEGENHEIT DES MENSCHEN. ER UNTERSCHIED NERVEN DER EMPFINDUNG (SENSORISCHE) UND DER BEWEGUNG (MOTORISCHE) (ABB.: 12c). IM GEGENSATZ ZU HIPPOKRATES GLAUBTE ER, DAß DIE LEBENSSPENDENDE LUFT ① ZU ERST IN DIE LUNGENVENEN ②, DANN IN DAS HERZ ③ UND VON DORT AUS ALS SPIRITUS ANIMALIS ④ IN DAS HIRN STRÖMTE (ABB.: 12)

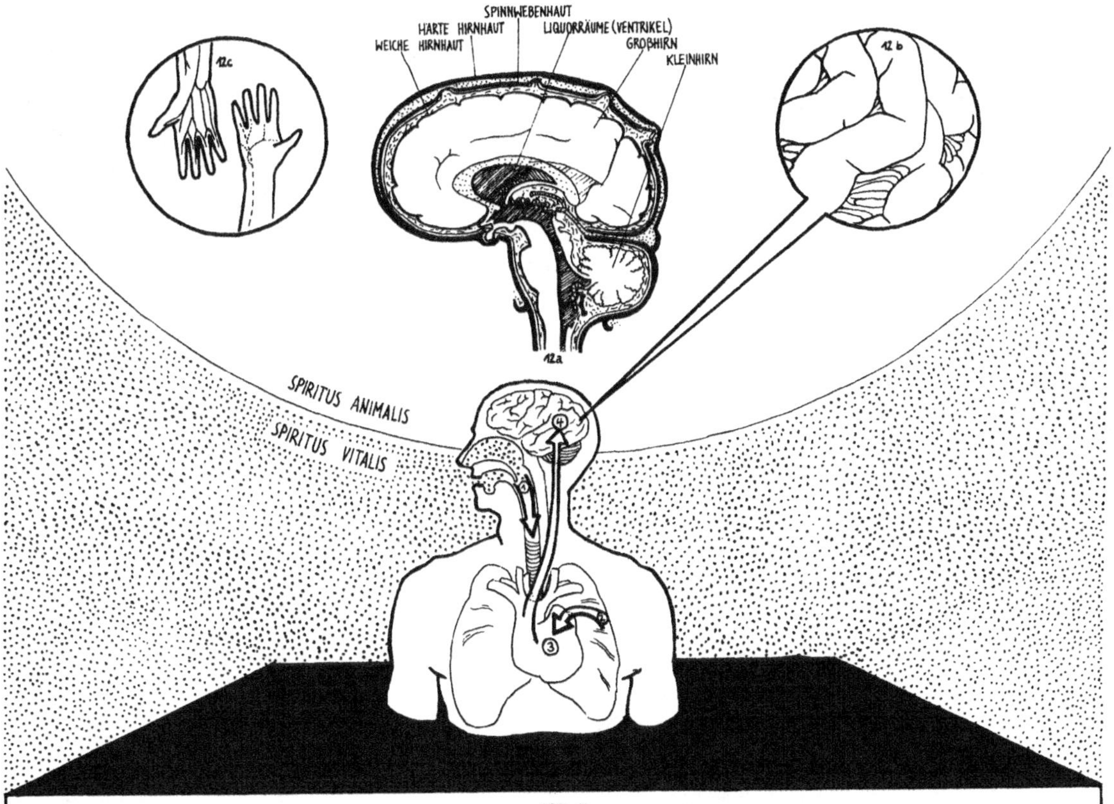

ABB.: 12

ZENON, DER BEGRÜNDER DER STOISCHEN SCHULE, MODIFIZIERTE DIE THESEN PLATONS. ER GLAUBTE, DAß DIE SINNLICHEN WAHRNEHMUNGEN 'WIRKLICHE' ZEICHEN AUF DIE 'WACHSTAFEL' SCHRIEBEN. GEIST UND GEDÄCHTNIS SAH ER NICHT AN EIN ORGAN ODER KÖRPERBEREICH GEBUNDEN. DEN GEIST DEUTETE ER BEI DER GEBURT ALS UNBESCHRIEBENE TAFEL (TABULA RASA), IN DIE ERFAHRUNGEN VORSTELLUNGSINHALTE (o) EINRITZTEN.

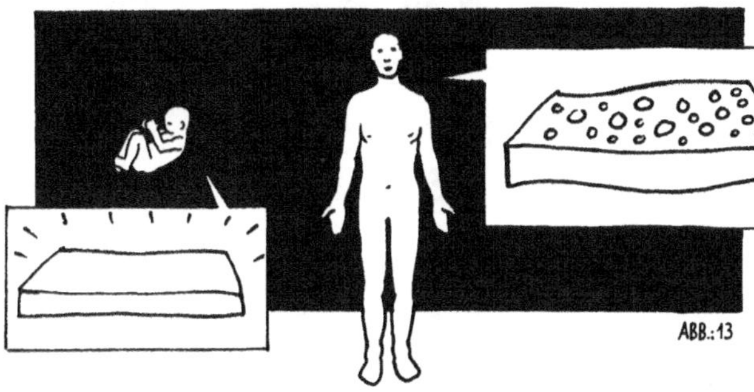

ABB.: 13

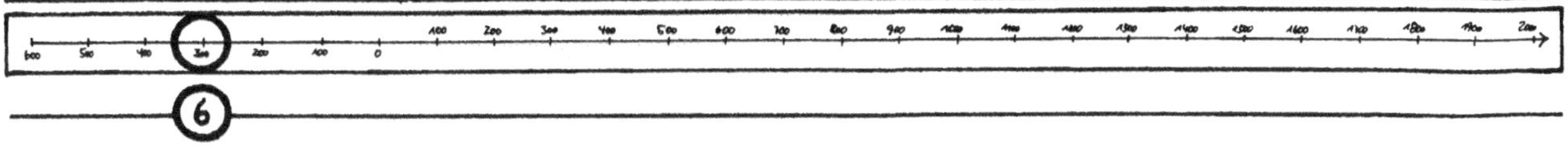

Fig.:

AD HERENNIUM (CA. 86-82 V. CHR), EIN RHETORISCHES LEHRBUCH, WURDE VON EINEM UNBEKANNTEN AUTOR, ETWA ZUR SELBEN ZEIT WIE CICEROS ERSTE SCHRIFT 'DE INVENTIONE' VERÖFFENTLICHT. BEIDE SCHRIFTEN SCHRIEBEN DIE GELEHRTEN AUS DEM MITTELALTER FÄLSCHLICHERWEISE 'TULLIUS' ZU. AD HERENNIUM UNTERTEILTE DIE VORBEREITUNGEN FÜR EINE REDE IN FÜNF BEARBEITUNGSPHASEN. DIESE PHASEN DURCHMAßEN ZWEI BEARBEITUNGSEBENEN. DER ERSTEN -GEDANKLICHEN EBENE- ORDNETE ER DIE ERFINDUNG DER DINGE (INVENTIO), DIE GLIEDERUNG DER DINGE (DISPOSITIO) UND DIE WAHRNEHMUNG DER DINGE IN DER SEELE (MEMORIA) ZU. DIE ZWEITE EBENE WAR DIE DER SPRACHLICHEN BEARBEITUNG. SIE UMFASSTE DIE DARSTELLUNG DER DINGE (ELUCTIO), SOWIE DEN VORTRAG - DAS MÄßIGEN VON STIMME UND KÖRPER (PRONUNTIATIO).

'MEMORIA' UNTERSCHIED DAS 'NATÜRLICHE GEDÄCHTNIS', DEM DENKEN ANGEBOREN, UND DAS 'KÜNSTLICHE, DURCH ÜBUNG ZU KRÄFTIGENDE, GEDÄCHTNIS. LETZTEREM GALTEN DIE REGELN AUS 'MEMORIA'. DIE SCHRIFT UNTERTEILTE DAS 'KÜNSTLICHE GEDÄCHTNIS' IN EINES FÜR 'ORTE' UND EINES FÜR 'BILDER'. DIE 'ORTE' SAH DER AUTOR ALS 'WACHSTAFELN' AN, IN DIE SICH JENE 'BILDER' ALS 'BUCHSTABEN' EINRITZTEN.

REGELN FÜR DIE 'ORTE' (LOCI):
ZU BEVORZUGEN SIND 'ORTE', DIE VERLASSEN UND IN EINSAMEN GEGENDEN LIEGEN. SIE SOLLEN EINANDER NICHT ZU ÄHNLICH UND VON MITTLERER GRÖßE SEIN. EIN IMAGINÄRER ABSTAND VON DREIßIG FUß VON ORT ZU ORT IST EMPFEHLENSWERT. IN DER ANLAGE MÜSSEN SYMMETRIE VERMIEDEN, SOWIE AUSGEWOGENE LICHTVERHÄLTNISSE BERÜCKSICHTIGT WERDEN. DIE ORDNUNG DER REIHENFOLGE WIRD DURCH EINE 'GOLDENE HAND' AN JEDEM FÜNFTEN ORT UND EINEM 'FREUND' NAMENS 'DECIMUS' AN JEDEM ZEHNTEN ORT GEWAHRT.

ABB.: 14a MÖGLICHE ORTE

ABB.: 14

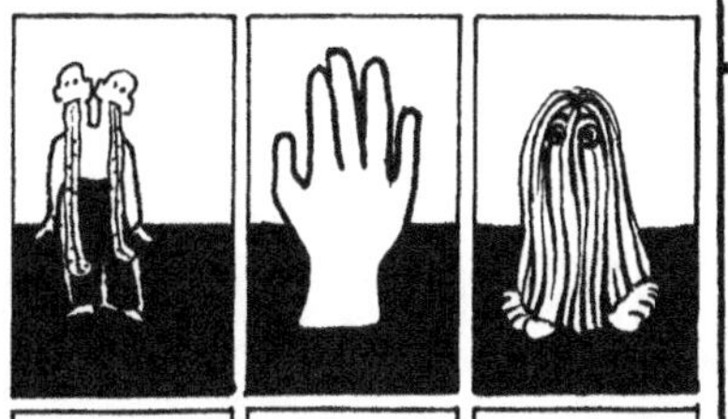

ABB.: 14b MÖGLICHE FIGUREN

REGELN FÜR DIE BILDER (IMAGINES):
ES GIBT ZWEI ARTEN VON BILD-GEDÄCHTNISSEN: DAS SACHGEDÄCHTNIS (MEMORIA RERUM) UND DAS WORTGEDÄCHTNIS (MEMORIA VERBORUM). BEIDE VERWENDEN FORMEN, ZEICHEN ODER ABZEICHEN ALS MITTEL FÜR DAS 'INNERE SCHREIBEN'.
MEMORIA VERBORUM BEDIENT SICH ZWEIER METHODEN: EINE KONSTRUIERT BILDER, DEREN TITEL ÜBER KLANGÄHNLICHKEITEN AN DIE WORTE ERINNERN SOLLEN. DIE ANDERE ÜBERSETZT WORTE IN KURZSCHRIFTSYMBOLE, DIE AN DEN 'ORTEN' GELERNT WERDEN.
MEMORIA RERUM VERWANDELT BEHAUPTUNGEN, DINGE UND VORSTELLUNGEN IN AUFFÄLLIGE GLEICHNISSE. AKTIVE FIGUREN (IMAGINES AGENTES), WUNDERSCHÖN, POTTHÄßLICH, BESCHMÜCKT ODER BESCHMIERT ETC. SOLLEN JENE GLEICHNISSE OBSZÖN ODER ABSURD IN SZENE SETZEN.

(SIEHE BLATT A, B, C, D)

Fig.:

IN ZWEI SCHRIFTEN CICEROS (106-43, RÖMISCHER RHETORIKLEHRER) FINDEN SICH AUSFÜHRUNGEN ÜBER DAS KÜNSTLICHE GEDÄCHTNIS. ALS BASIS DIENTEN IHM DIE HYPOTHESEN DER GRIECHEN. ER SETZTE BEI SEINEN SCHÜLERN DIE BEKANNTSCHAFT MIT DER TERMINOLOGIE DER REGELN FÜR DAS KÜNSTLICHE GEDÄCHTNIS VORAUS.

DIE ERSTE SCHRIFT 'DE INVENTIONE' DEFINIERTE DIE TUGENDEN 'PRUDENTIA, 'JUSTITIA', 'FORTITUDO' UND 'TEMPERANTIA'. DIE TUGENDEN SAH ER ALS EINE MIT VERNUNFT UND NATURORDNUNG HARMONIERENDE GEISTESVERFASSUNG. DAS GEDÄCHTNIS DEKLARIERTE ER ALS TEIL DER RHETORIK UND ZUGLEICH ALS BESTANDTEIL DER PRUDENTIA. JENER TUGEND ORDNETE ER NOCH INTELLIGENTIA UND PROVIDENTIA ZU.

DER GEDÄCHTNISKUNST WIDMETE SICH DIE SCHRIFT 'DE ORATORE'. SEINE UNTERWEISUNGEN IN DIE REGELN FÜR ORTE UND BILDER FUSSTEN AUF SIMONIDES UND AD HERENNIUM. IN DEN AUSFÜHRUNGEN ERACHTETE ER DIE, AUF DEM GESICHTSSINN AUFBAUENDEN, VORSTELLUNGSWELTEN ALS WICHTIGSTE QUELLE FÜR DAS ERSCHAFFEN VON BILDNISSEN, DIE DIE DINGE BEZEICHNEN SOLLTEN.

CICERO FAND IN SEINEN REFLEXIONEN KEINE ERKLÄRUNGEN FÜR DIE KRAFT UND DAS WESEN DES GEDÄCHTNISSES. AUS DIESEM GRUND MUSSTE DAS GEDÄCHTNIS GÖTTLICHER HERKUNFT SEIN UND DEM UNSTERBLICHEN TEIL DER MENSCHLICHEN SEELE ANGEHÖREN.

QUINTILIAN (35-96), RÖMISCHER RHETORIKLEHRER, BERIEF SICH IN SEINER SCHRIFT 'INSTITUTIO ORATORIA' AUF SIMONIDES UND CICERO. FLEIß UND AUSDAUER BEIM AUSWENDIGLERNEN SAH ER ALS GRUNDSTOCK DES GEDÄCHTNISSES AN. DIE IN DEN TEXTEN WOHNENDEN VORSTELLUNGEN, BEHAUPTUNGEN UND DINGE GLAUBTE ER NICHT MIT HILFE DER 'IMAGINES AGENTES' IN BILDNISSE UMSETZEN ZU MÜSSEN. ER EMPFAHL DIE VISUALISIERUNG DER SCHRIFT AUF DEM BLATT. WICHTIGE TEXTSTELLEN SOLLTEN AN INDIVIDUELL ERFUNDENE ZEICHEN VERPFÄNDET WERDEN (ABB.:15). IN DEN REGELN FÜR DIE ORTE POSTULIERTE ER DAS EINPRÄGEN DER ÖRTLICHKEIT ALS WICHTIGSTEN SCHRITT. ALS IDEALES ARCHITEKTURALES SYSTEM ERACHTETE ER EIN KOMPLEXES GEBÄUDE MIT GROßEM VORHOF, WOHNRAUM, SCHLAFGEMÄCHERN, EMPFANGSRÄUMEN, STATUEN UND ZIERSTÜCKEN (ABB.:15a)

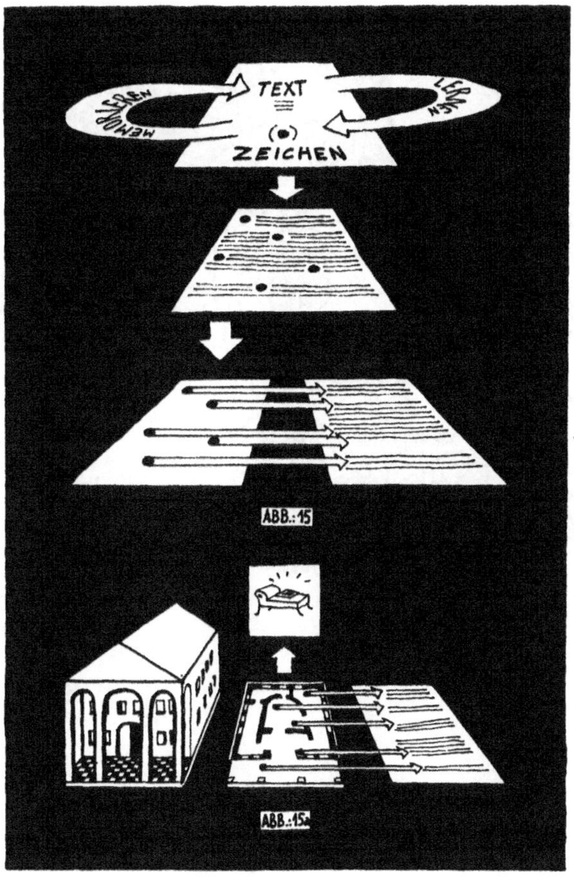

(SIEHE BLATT E)

Fig.:

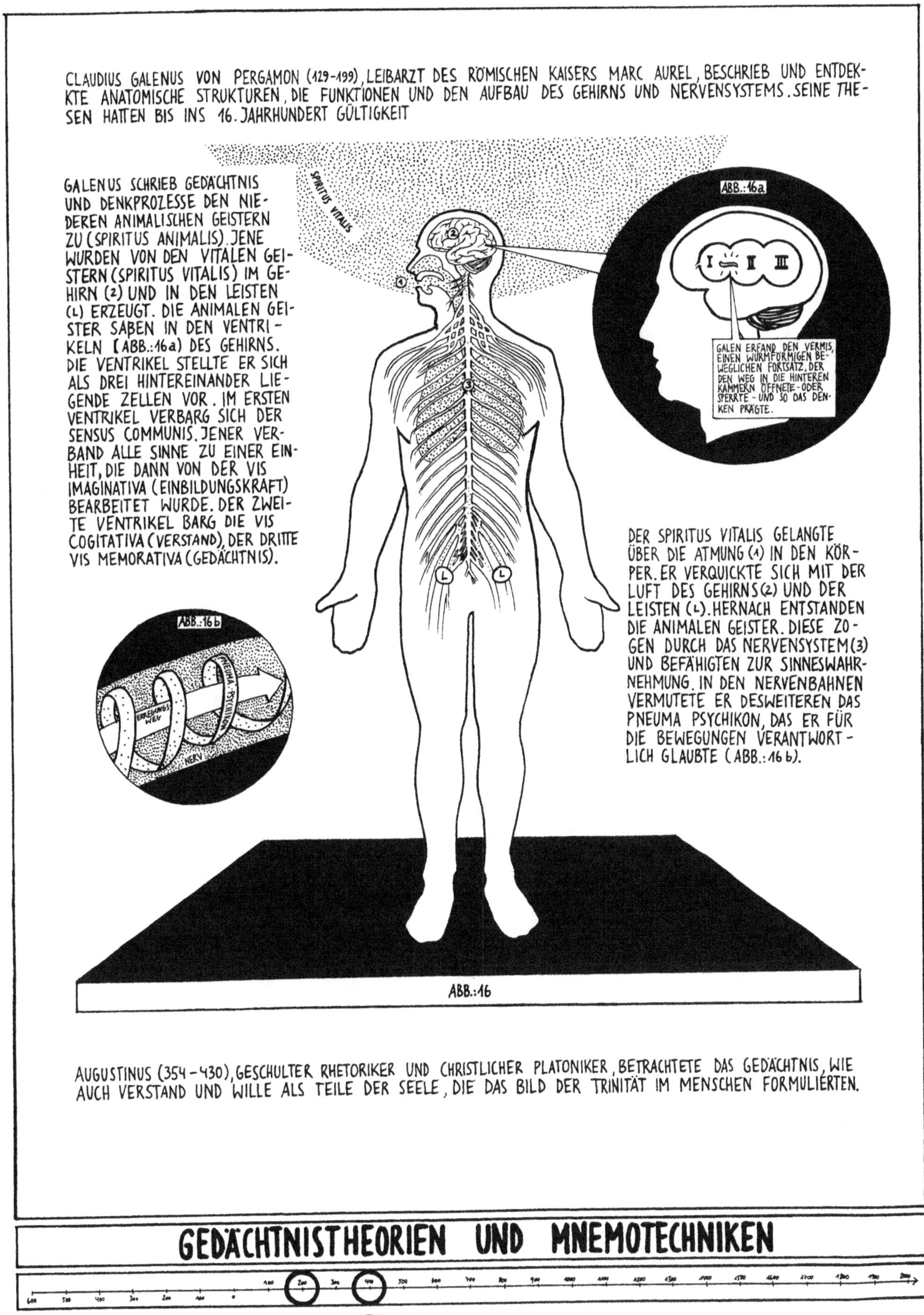
CLAUDIUS GALENUS VON PERGAMON (129-199), LEIBARZT DES RÖMISCHEN KAISERS MARC AUREL, BESCHRIEB UND ENTDEKKTE ANATOMISCHE STRUKTUREN, DIE FUNKTIONEN UND DEN AUFBAU DES GEHIRNS UND NERVENSYSTEMS. SEINE THESEN HATTEN BIS INS 16. JAHRHUNDERT GÜLTIGKEIT
GALENUS SCHRIEB GEDÄCHTNIS UND DENKPROZESSE DEN NIEDEREN ANIMALISCHEN GEISTERN ZU (SPIRITUS ANIMALIS). JENE WURDEN VON DEN VITALEN GEISTERN (SPIRITUS VITALIS) IM GEHIRN (2) UND IN DEN LEISTEN (L) ERZEUGT. DIE ANIMALEN GEISTER SAßEN IN DEN VENTRIKELN (ABB.:16a) DES GEHIRNS. DIE VENTRIKEL STELLTE ER SICH ALS DREI HINTEREINANDER LIEGENDE ZELLEN VOR. IM ERSTEN VENTRIKEL VERBARG SICH DER SENSUS COMMUNIS. JENER VERBAND ALLE SINNE ZU EINER EINHEIT, DIE DANN VON DER VIS IMAGINATIVA (EINBILDUNGSKRAFT) BEARBEITET WURDE. DER ZWEITE VENTRIKEL BARG DIE VIS COGITATIVA (VERSTAND), DER DRITTE VIS MEMORATIVA (GEDÄCHTNIS).
SPIRITUS VITALIS
ABB.:16a
I II III
GALEN ERFAND DEN VERMIS, EINEN WURMFÖRMIGEN BEWEGLICHEN FORTSATZ, DER DEN WEG IN DIE HINTEREN KAMMERN ÖFFNETE - ODER SPERRTE - UND SO DAS DENKEN PRÄGTE.
DER SPIRITUS VITALIS GELANGTE ÜBER DIE ATMUNG (1) IN DEN KÖRPER. ER VERQUICKTE SICH MIT DER LUFT DES GEHIRNS (2) UND DER LEISTEN (L). HERNACH ENTSTANDEN DIE ANIMALEN GEISTER. DIESE ZOGEN DURCH DAS NERVENSYSTEM (3) UND BEFÄHIGTEN ZUR SINNESWAHRNEHMUNG. IN DEN NERVENBAHNEN VERMUTETE ER DESWEITEREN DAS PNEUMA PSYCHIKON, DAS ER FÜR DIE BEWEGUNGEN VERANTWORTLICH GLAUBTE (ABB.:16b).
ABB.:16b
ERREGUNGS WEG
PNEUMA PSYCHIKON
NERV
ABB.:16
AUGUSTINUS (354-430), GESCHULTER RHETORIKER UND CHRISTLICHER PLATONIKER, BETRACHTETE DAS GEDÄCHTNIS, WIE AUCH VERSTAND UND WILLE ALS TEILE DER SEELE, DIE DAS BILD DER TRINITÄT IM MENSCHEN FORMULIERTEN.
© JEANETTE SCHULZ 1995

Fig.: Ɛy

IN BONCOMPAGNO DA SIGNAS (13.JHRD, BOLOGNA, MITGLIED DER ARS DICTAMIS-SCHULE) WERK "RHETORICA NOVISSIMA" GEHÖRTE DAS GEDÄCHTNIS NICHT NUR ZUR RHETORIK, SONDERN ZU ALLEN KÜNSTEN UND BERUFEN. WIE SEINE VORVÄTER UNTERSCHIED ER ZWEI GEDÄCHTNISARTEN: DAS NATÜRLICHE UND DAS KÜNSTLICHE. LETZTERES BETRACHTETE ER ALS 'KÜNSTLICH', DA ES AUF DER 'KUNST,' DER GESCHICKLICHKEIT DES GEISTES BASIERTE. DAS KÜNSTLICHE GEDÄCHTNIS HALF UND STAND DEM NATÜRLICHEN BEI.

ABB.:17

NACH BONCOMPAGNO WAR EIN GUTES GEDÄCHTNIS SACHE DES TEMPERAMENTES. ALS GEEIGNETE TEMPERAMENTE DEFINIERTE ER DIE 'HARTEN' UND 'TROCKENEN', WIE SIE DEN SANGUINIKERN UND MELANCHOLIKERN ZU EIGEN WAREN. DIESE SICHTWEISE ENTWICKELTE ER AUS SEINEN REFLEXIONEN ÜBER DEN SÜNDENFALL UND DEN ANSCHLIEßENDEN KONSEQUENZEN FÜR DIE MENSCHHEIT. DER FALL VERDARB DIE MENSCHLICHE NATUR UND DAS GEDÄCHTNIS. DIE ALLES ERINNERNDE SEELE VERMENGTE SICH SO NUN MIT DEM VERDORBENEN GEDÄCHTNIS UND KONNTE AM BESTEN VON OBIGEN TEMPERAMENTEN ERINNERT WERDEN (ABB.:17).

Fig.:

RAIMUNDUS LULLUS (1235-1316) ENTWICKELTE EINE GEDÄCHTNISKUNST, MIT DER SEIN WELTENTWURF STÄNDIG ÜBERDACHT UND MEMORIERT WERDEN KONNTE. DEN 'GRUNDSTEIN' LEGTE EINE VISION 1272. IN JENER SAH ER DIE ATTRIBUTE GOTTES (ABB.: 18) IN DIE GESAMTE SCHÖPFUNG EINFLIEẞEN. AUF DIESEN ATTRIBUTEN GRÜNDETE ER EINE KUNST, DIE FÜR ALLE RELIGIONEN GÜLTIGKEIT HABEN SOLLTE. SIE SOLLTE SICH IN TRIADISCHEN STRUKTUREN AUF ALLEN EBENEN DER SCHÖPFUNG SPIEGELN (ABB.: 18). LULL'S KUNST ARBEITETE NICHT MIT BILDERN ODER EMOTIONEN, SONDERN MIT EINEM ALGEBRAISCH WISSENSCHAFTLICHEN BUCHSTABENSYSTEM (ABB.: 18/19). SEINE WELTSICHT ORIENTIERTE SICH AN DER PHILOSOPHISCHEN TRADITION DES AUGUSTINISCHEN PLATONISMUS UND AD HERENNIUM. DIE DREI SEELENTEILE VOLUNTAS, INTELLECTAS UND MEMORIA SOLLTEN SEINE KUNST NUTZEN. 'MEMORIA' UMSCHLOẞ DAS NATÜRLICHE GEDÄCHTNIS - AUF PLANETENEINFLÜSSEN BASIEREND - UND DAS KÜNSTLICHE GEDÄCHTNIS. LETZTERES KONNTE DURCH DEN GEBRAUCH VON MEDIZIN UND PFLASTERN ODER DURCH HÄUFIGES ÜBERDENKEN VERBESSERT WERDEN.

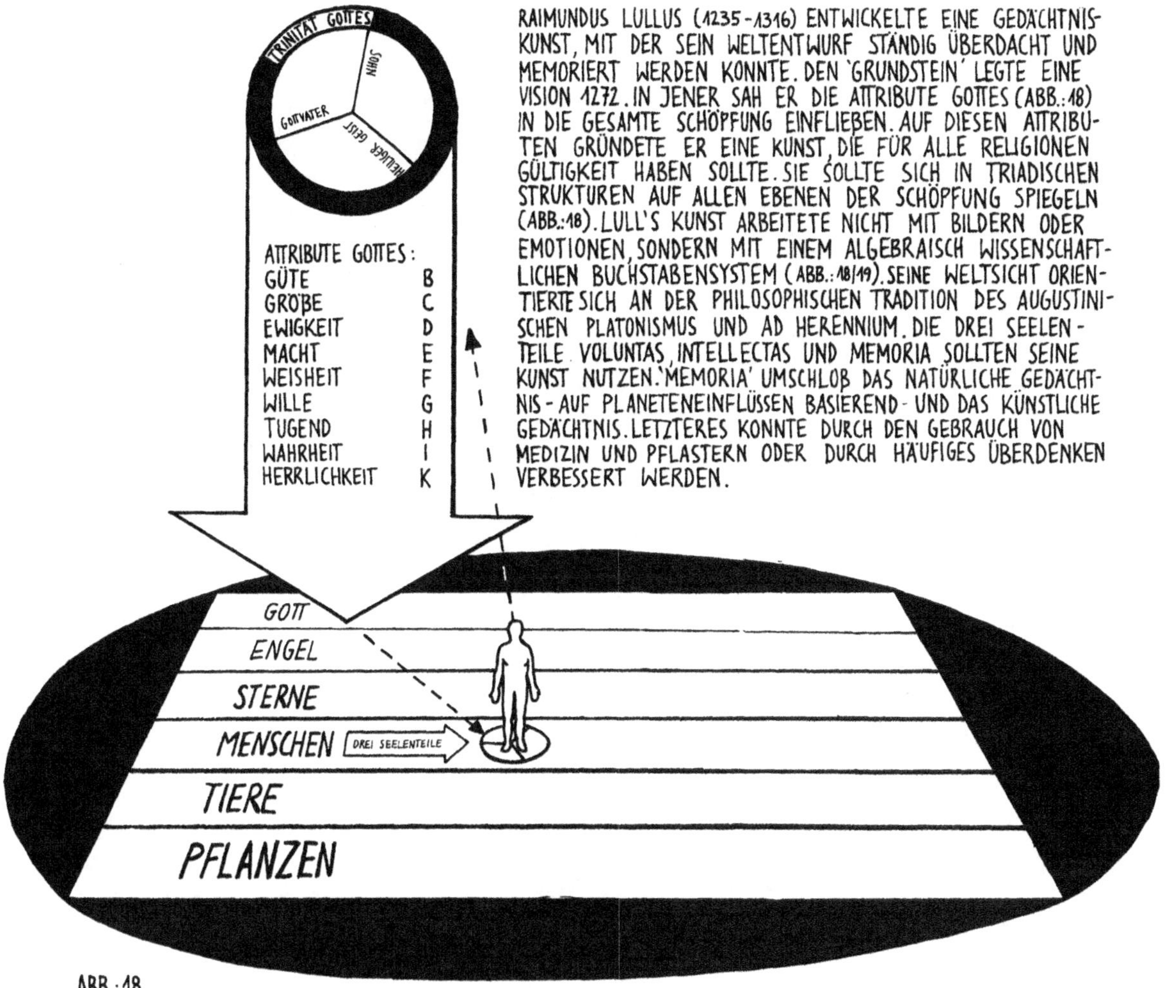

ABB.: 18

LULLS ZIEL WAR DIE PSYCHE ZU BEWEGEN. ALS 'VEHIKEL' ENTWARF ER EINE MIT BUCHSTABEN (GRUNDLAGE: DIE ATTRIBUTE GOTTES) BEZEICHNETE SCHEIBE, DIE SICH AUS DREI DREHBAREN KREISSEGMENTEN ZUSAMMENSETZTE. MIT DEN SEGMENTEN LIEẞEN SICH DURCH DREHEN FORTWÄHREND NEUE BUCHSTABENKOMBINATIONEN ERSTELLEN. DIE KOMBINATIONEN - DIE TRINITÄT GOTTES WIDERSPIEGELND - SOLLTEN 'AUS DEM KREIS HERAUS' ODER 'IN DEN KREIS HINEINGEDACHT' WERDEN (ABB.: 19) AUF ANDEREN - KOMPLIZIERTEREN - SCHEIBEN VERWENDETE ER NEBEN DEM KREIS ZWEI WEITERE GEOMETRISCHE FIGUREN, DIE MIT KOSMISCH-RELIGIÖSER BEDEUTUNG AUFGELADEN WAREN. DER ○ REPRÄSENTIERTE DEN HIMMEL. SEINE FORM HATTE DIE GRÖẞTE GOTTÄHNLICHKEIT. DAS △ STAND FÜR DIE GÖTTLICHKEIT. ES SPIEGELTE DIE TRINITÄT DER SEELE UND GOTTES AM VOLLKOMMENSTEN WIDER. DAS □ GLICH GOTT AM STÄRKSTEN IN DEN VIER ELEMENTEN. DIESE FIGUREN LIEFERTEN DEN 'MANTEL', IN DEM DIE BUCHSTABENKOMBINATIONEN IN ALLEN ASPEKTEN DURCHDACHT WERDEN SOLLTEN.

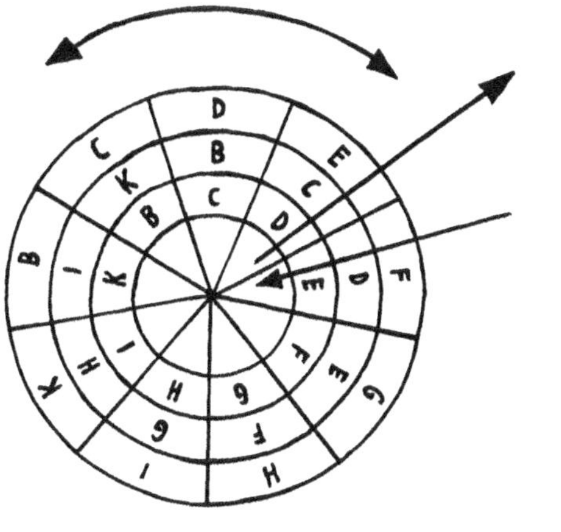

ABB.: 19: EINFACHE SCHEIBE

GEDÄCHTNISTHEORIEN UND MNEMOTECHNIKEN

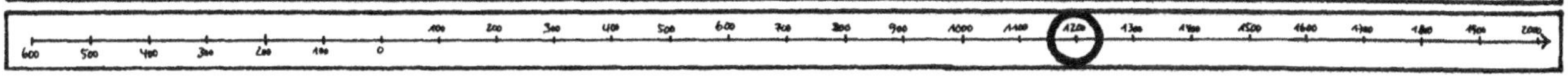

Fig.: ♕

ALBERTUS MAGNUS (SCHOLASTIKER) INTERPRETIERTE IN SEINER SCHRIFT "DE BONO" DEN ARISTOTELESCHEN MEMORIA-BEGRIFF, DER GEDÄCHTNIS UND WIEDERERINNERN UMFASSTE. ER BEHANDELTE MEMORIA IM RAHMEN DER VIER KARDINALTUGENDEN (TEMPERANTIA, JUSTITIA, FORTITUDO, PRUDENTIA), DIE ER IM RATIONALEN TEIL DER SEELE ANSIEDELTE. MEMORIA WAR TEIL DER PRUDENTIA. MAGNUS' ZUORDNUNG KOLLIDIERTE MIT DER DAMALIGEN SCHOLASTISCHEN WELTSICHT, DIE MEMORIA, ZUR RHETORIK GEHÖREND, AUF DIE NIEDEREN IMAGINATIVEN SEELENRÄNGE VERWIESEN. MAGNUS FAND FÜR DEN MORALISCHEN MENSCHEN EINE ANNEHMBARE LÖSUNG: DAS GEDÄCHTNIS, ALS 'HALTUNGSLOSER' LIEFERANT VON BILDERN UND ORTEN, WOHNTE NUN DOCH IM RATIONALEN SEELENTEIL, DA DAS VERMÖGEN DER WIEDERERINNERUNG JENEM ERST 'SINN' VERLIEH. DIE WIEDERERINNERUNG 'PRÄGTE' DEN BILDERVORRAT UND DIE EINTEILUNG DER ORTE KRAFT IHRES URTEILS. DIESES VERMÖGEN HATTE SEINEN SITZ NATÜRLICH IN DER PRUDENTIA (ABB.:20).

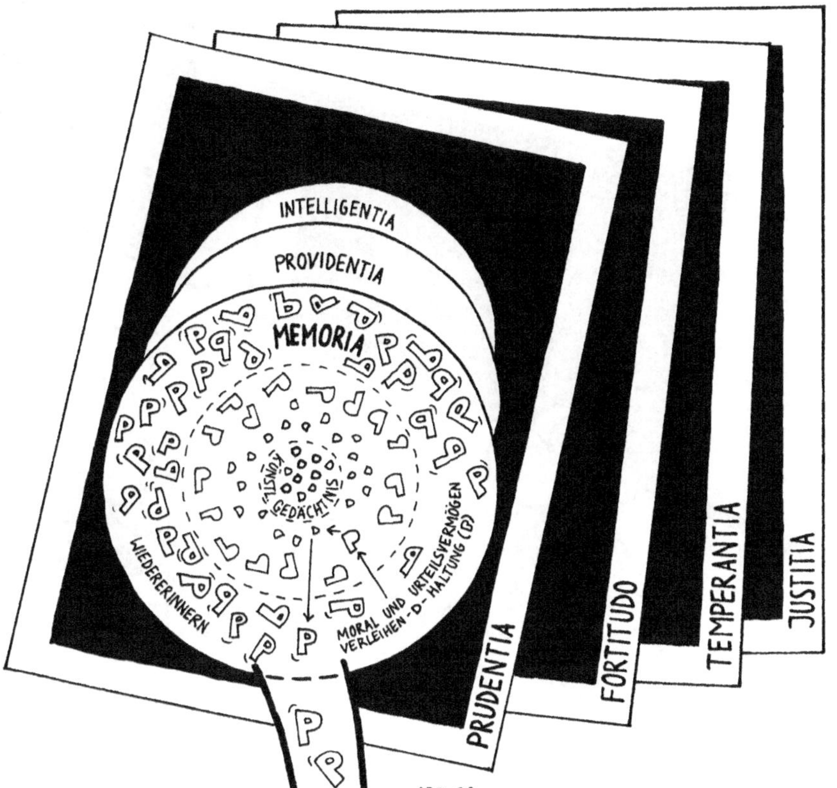

ABB.:20

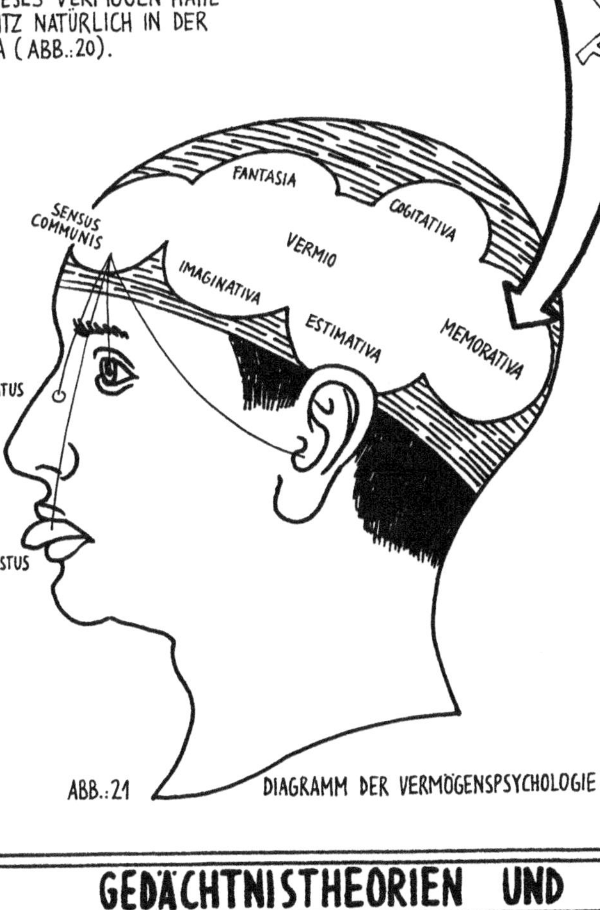

ABB.:21 DIAGRAMM DER VERMÖGENSPSYCHOLOGIE

IN MAGNUS' KOMMENTAR ZU ARISTOTELES' "DE MEMORIA ET REMINISCENTA" (S. BLATT 5) ENTFALTETE SICH SEINE PSYCHOLOGIE DES GEISTIGEN VERMÖGENS. SIE FUSSTE AUF EINER MISCHUNG AUS SCHOLASTISCHER WELTSICHT, DEN REGELN FÜR BILDER UND ORTE AUS AD HERENNIUM UND DEM ARISTOTELISCHEN 'MEMORIABEGRIFF'. SINNESEINDRÜCKE SAH ER VERSCHIEDENE STUFEN DURCHLAUFEN. AUF DEM WEG VOM SENSUS COMMUNIS ZUM MEMORATIVA ENTMATERIALISIERTEN SIE SICH. ER GLAUBTE, DAß EINE TROCKENHEIßE, INTELEKTUELLE UND INSPIRIERTE MELANCHOLIE, DIE MIT EINEM SANGUINISCHEN TEMPERAMENT VERWOBEN IST, DIE INHALTE (PHANTASMATA-P ABB.:20,21) AM SCHNELLSTEN IM TROCKENEN DES RÜCKWÄRTIGEN GEHIRNS EINPRÄGEN KONNTE. ZUR WIEDERERINNERUNG GELANGTE MAN IM DUNKEL DER PRIVATHEIT. DIE HITZE DER ANDEREN TEMPERAMENTE BRACHTEN DANN DIE PHANTASMATA IN BEWEGUNG UND MOTIVIERTEN MORAL UND URTEILSVERMÖGEN DER WIEDERERINNERUNG.

Fig.:

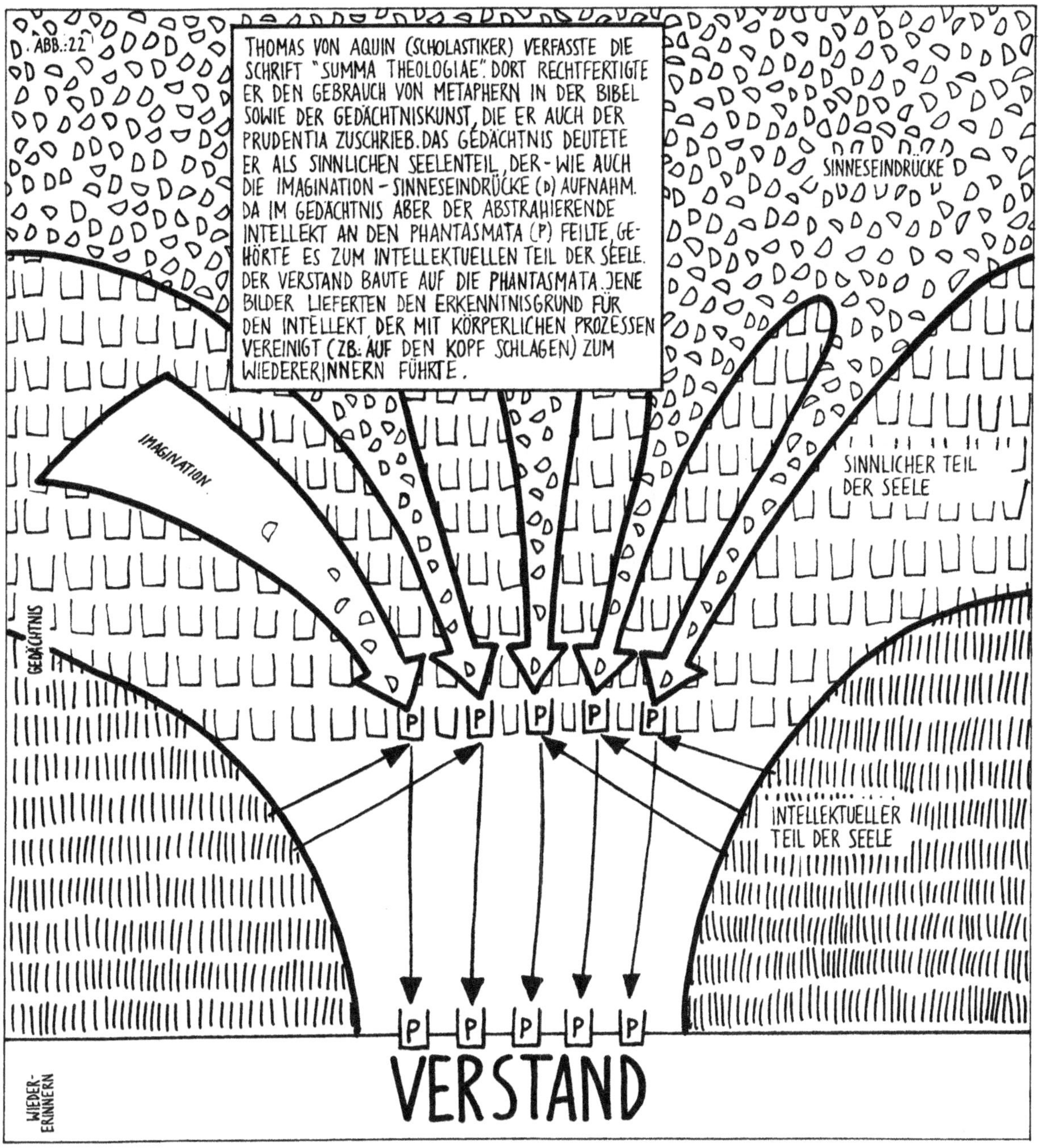

THOMAS' REGELN ZUR KRÄFTIGUNG DES GEDÄCHTNISSES BASIERTEN AUF DER ARISTOTELISCHEN SEELENLEHRE, IN DIE ER DAS SCHOLASTISCHE TUGEND- UND LASTERSCHEMA HINEININTERPRETIERTE UND IN EIN 'CICEROIANISCHES MUSTER' EINWEBTE. SEINE REGELN TENDIERTEN IN RICHTUNG 'ERGEBENHEIT', DIE DER KLASSISCHEN GEDÄCHTNISKUNST ALS HALTUNG FREMD WAR. SEIN ZIEL WAR DEUTLICH: BEWAHREN UND VERTEIDIGEN DER KIRCHE. ER EMPFAHL ZUERST KÖRPERHAFTE GLEICHNISSE VON DEN (ZUMERKENDEN) DINGEN ZUNEHMEN (KEINE BILDER!). JENE SOLLTEN HERNACH IN EIN ORDNUNGSSYSTEM GEBRACHT WERDEN, DAS NICHT IN EINSAMKEIT, SONDERN MIT 'SORGFALT' VERWALTET WURDE. ALS LETZTEN PUNKT FÜHRTE ER DAS HÄUFIGE ÜBERDENKEN JENES SYSTEMS AN.

Fig.:

GIULIO CAMILLO (1480-1544, VERTRETER DER NEUPLATONISCHEN BEWEGUNG) ERACHTETE GEIST UND GEDÄCHTNIS ALS GÖTTLICH. DIE GEDÄCHTNISKUNST DRIFTETE ZU JENER ZEIT IN EINE GEHEIM-OKKULT-HERMETISCHE RICHTUNG AB. ER ENTWARF EIN GEDÄCHTNISTHEATER, DAS ALS HOLZMODELL EXISTIERTE. DESWEITEREN PLANTE ER EIN BUCH ÜBER DIE ENTWÜRFE ZU VERFASSEN. WEDER DER BAU, NOCH DAS BUCH WURDEN VON IHM VERWIRKLICHT.

DAS GEDÄCHTNISTHEATER WAR VON DEN PLÄNEN DES KLASSISCHEN VITRUVIANISCHEN THEATERS INSPIRIERT. CAMILLO UNTERTEILTE ES IN EIN SYSTEM VON GEDÄCHTNISORTEN, AN DENEN GEDÄCHTNISBILDER KLEBTEN. DAS THEATER BETRACHTETE ER ALS 'DENKMASCHINE, ALS 'GESTALTETER GEIST', WO DIE ARCHITEKTUR UND BILDERWELT DEM BETRACHTER SOFORT ERKENNTNISSE VERSCHAFFTEN, DIE ANSONSTEN IN DEN TIEFEN DES GEISTES VERBORGEN BLIEBEN.

SEIN GEDÄCHTNISSYSTEM UNTERTEILTE SICH IN ZWEI BEREICHE: DEN MAKRO- UND DEN MIKROBEREICH. DER MAKROBEREICH STAND FÜR DIE ARCHETYPEN DER REALITÄT UND DER MIKROBEREICH UMFASSTE DIE 'SEKUNDÄREN BILDER', DIE GESAMTEN BEREICHE DER NATUR UND DES MENSCHEN, AN DENEN DIE ARCHETYPEN HINGEN. DAS GESTALTEN VON 'IMPRESA' (SINNBILDERN) ERGAB ALSO EINEN GÖTTLICHEN MIKROKOSMOS, DER SICH IM MAKROKOSMOS WIDERSPIEGELTE. SO REFLEKTIERTE DIE ARCHITEKTUR- UND BILDERWELT DES THEATERS DIE GÖTTLICHEN WELTPROPORTIONEN AUF MAGISCHE WEISE.

CAMILLO VERLIEH MIT SEINEM GEDÄCHTNISTHEATER DEM WORT- UND SACHGEDÄCHTNIS EINE NEUE FORM. AN JEDEM DER SECHS AUFSTEIGENDEN GÄNGE STANDEN SIEBEN TORE, DIE ÜBER DEN BÖGEN REICH MIT BILDERN VERZIERT WAREN. UNTER DEN BILDERN INSTALLIERTE CAMILLO FÄCHER, IN DENEN ER TEXTE EINLAGERTE. DAS GANZE SYSTEM RUHTE AUF SIEBEN SÄULEN (DER SALOMONISCHEN WEISHEIT). DORT, WO EIGENLICH DIE BÜHNE WÄRE, SOLLTEN DIE ZUSCHAUER STEHEN.

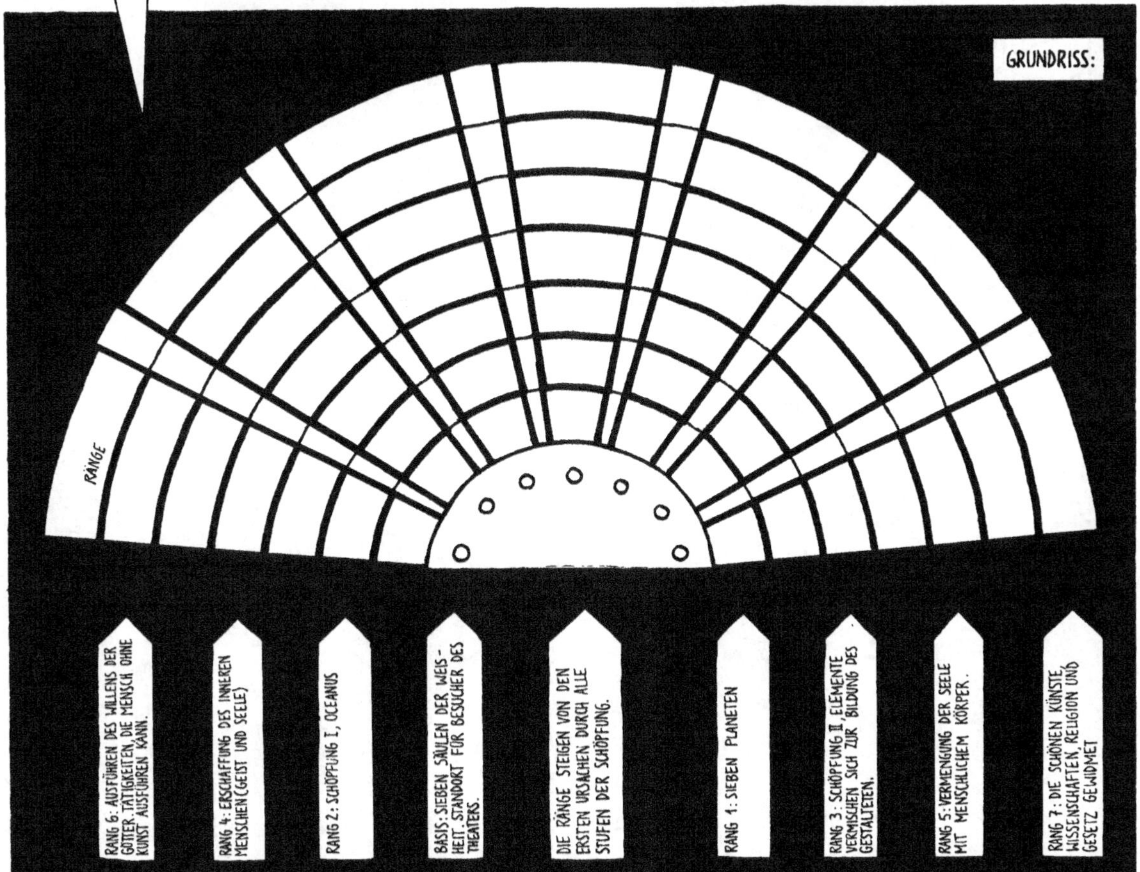

ABB.:23

Fig.:

GIORDANO BRUNO (1548-1600, DOMINIKANER) BESCHÄFTIGTE SICH IN MEHREREN SCHRIFTEN MIT DEM KÜNSTLICHEN GEDÄCHTNIS. SEINE GEDÄCHTNISSYSTEME WAREN VON ABSCHRECKENDER KOMPLEXITÄT. ER VERMENGTE DEN LULLISMUS (BLATT 11) MIT DER KLASSISCHEN GEDÄCHTNISKUNST. DAS ERGEBNIS WAR EINE HERMETISCH-OKKULTE METHODE. SEINE ERSTE SCHRIFT: "SCHATTEN" (NACH YATES), LIEFERTE BILDERLISTEN, DIE AUF FÜNF KONZENTRISCHEN DREHBAREN SCHEIBEN ANGEORDNET WERDEN SOLLTEN. DIE LISTEN UMFASSTEN 150 STERNENBILDER, IN 30ER ABSCHNITTE UNTERTEILT, DIE MIT JEWEILS EINEM BUCHSTABEN GEKENNZEICHNET WAREN. DIE INNERSTE UND DIE MITTELSCHEIBE STELLTEN DEN 'ANTRIEB' DES SYSTEMS DAR. SIE ENTHIELTEN DIE GESAMTEN KOMPLEXEN ASTROLOGISCHEN EINFLÜSSE DES HIMMELS. DIE KERNIDEE DES SYSTEMS WAR, ZWISCHEN DEN IDEEN DER ÜBERHIMMLISCHEN WELT UND DER SUBHIMMLISCHEN ELEMENTENWELT ZU VERMITTELN. DIE BENUTZUNG DER SCHEIBEN SOLLTEN EINEN MAGISCHEN AUFSTIEG IM INNEREN ERMÖGLICHEN - DAS IN FORM ORGANISIERTER SIGNIFIKANTER BILDER, DIE IN DER PSYCHE WEGE FÜR DIE RÜCKKEHR DES INTELLEKTES BAHNTEN (ABB.: 24/25).

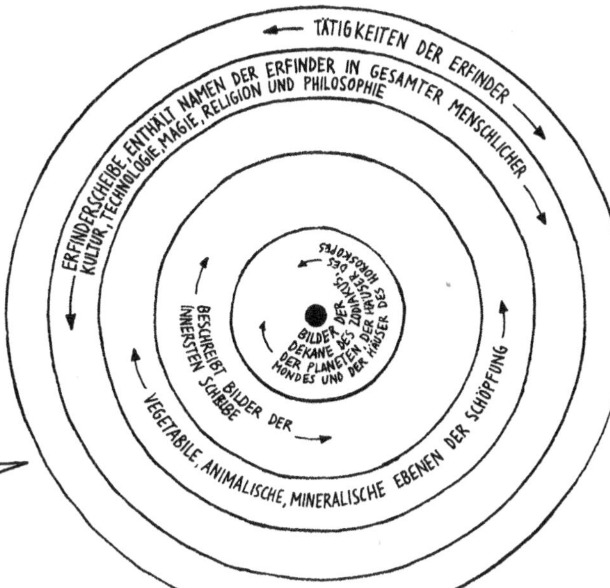

ABB.: 24 THEMATISCHE EINTEILUNG

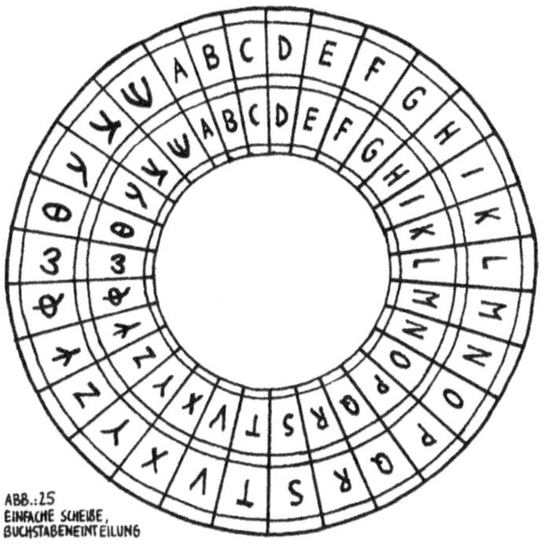

ABB.: 25 EINFACHE SCHEIBE, BUCHSTABENEINTEILUNG

EINE ANDERE SCHRIFT: "SIEGEL" (NACH YATES), SCHILDERTE DIE PRINZIPIEN UND VERSCHIEDENE TECHNIKEN SEINER KUNST, VERMITTELT DURCH KLEINE BILDER. DIESE KLEINEN BILDCHEN, SEMI-MATHEMATISCHE DIAGRAMME, BASIERTEN AUF DEM LULLISMUS UND KABBALISTISCHEN EINFLÜSSEN. SIE WAREN ALSO MAGISCH AUFGELADEN. SEIN WERK ENTHIELT EINE LISTE VON 30 'SIEGELN', DIE DIVERSE GEDÄCHTNISTECHNIKEN REPRÄSENTIERTEN. VERFAHREN, WIE MAN GEDÄCHTNISBILDER ZUR ERINNERUNG AN VORSTELLUNGEN DURCH ASSOZIATIONEN HERSTELLEN KONNTE. DIE AUFLISTUNG ENDETE IM 'SIEGEL DER SIEGEL', DAS AUF VIER LEITPRINZIPIEN BAUTE: 1. LIEBE, DIE DIE SEELE DURCH 'GÖTTLICHEN FUROR' ZUM GÖTTLICHEN ERHOB; 2. KUNST, DIE MIT DER WELTSEELE VERBINDUNG AUFNAHM; 3. MATHESIS, DEM MAGISCHEN GEBRAUCH VON ZAHLEN WIDMEND UND 4. MAGIE, DIE BRUNO ALS RELIGIÖSE MAGIE VERSTAND. DIESES SIEGEL DIENTE ALSO DER ENTFALTUNG EINES INNEREN MYSTERIENKULTES (ABB.: 26 BEISPIELE).

ZEUXIS DER MALER: HERSTELLER WOHLPROPORTIONIERTER INNERER BILDER.

PHIDIAS DER BILDHAUER: BEFREIT FORMEN AUS DEM FORMLOSEN CHAOS DES GEDÄCHTNISSES.

TISCH: BEGRIFFE (B) WERDEN DURCH MENSCHENBILDER ERINNERT, DEREN NAMEN DEN GLEICHEN ANFANGSBUCHSTABEN WIE B HABEN.

STANDARTE: 'GROBE NAMEN' ALS LEITBILDER UND IDEENTRÄGER.

DAEDALUS: LISTE VON OBJEKTEN, DIE RUND UM HAUPTBILD ORGANISIERT, BEDEUTUNG AUFBAUEN KÖNNEN.

DER DOKTOR: VERSCHIEDENE LÄDEN ALS GEDÄCHTNISORTE.

ABB.: 26

(SIEHE BLATT F, G)

GEDÄCHTNISTHEORIEN UND MNEMOTECHNIKEN

Fig.:

ROBERT FLUDD (PHILOSOPH) ENTWICKELTE EIN 'THEATER-GEDÄCHTNISSYSTEM', DAß 1599 GEBAUT WURDE (GLOBETHEATER, LONDON). FLUDDS GEDANKENSYSTEM WAR HERMETISCHER NATUR. SEINEN UNTERSUCHUNGEN WIDMETE ER EIN ZWEIBÄNDIGES WERK MIT DEM TITEL: 'GESCHICHTE DER WELTEN'. DORT ENTWICKELTEER EINE THEORIE VOM MENSCHEN ALS MIKROKOSMOS UND ENTROLLTE EINE SOGENANNTE TECHNISCHE GESCHICHTE DESSELBIGEN. IM KAPITEL DER WISSENSCHAFT VOM GEISTIGEN MEMORIEREN UNTERSCHIED ER ZWISCHEN ZWEI GEDÄCHTNISKÜNSTEN: DIE 'ARS QUADRATA' UND DIE 'ARS ROTUNDA'. DIE VERWENDUNG BEIDER SOLLTE ZUR HÖCHSTEN VOLLENDUNG DER KUNST FÜHREN.

ARS ROTUNDA: NATÜRLICHE KUNST. SIE VERWAHRTE DIE 'IDEAS' (ABER NICHT IM SINNE PLATOS), WIE ZB.: SCHATTEN, GEISTER, ENGEL UND SEELEN. DIESE KUNST WAR DEM MIKROKOSMOS AUF NATÜRLICHE WEISE ANGEPASST (RUNDER HIMMEL) DIE DORT WALTENDE NATÜRLICHE ORDNUNG LUD BILDERWELTEN MAGISCH AUF, AUCH DIE DER TUGENDEN UND LASTER.

FÜR FLUDD WAR DAS LEBEN EINE BÜHNE. SO BETRACHTETE ER EINE BÜHNENKONSTRUKTION ALS VOLLENDETE KOMBINATION BEIDER KÜNSTE. DER GRUNDRISS DES GESAMTEN THEATERS FUSSTE AUF SECHSECK, KREIS UND QUADRAT (BEZOG SICH AUF VITRUV). DIESE FORMEN TAUCHTEN ALS SÄULENBASEN AM BÜHNENRAND WIEDER AUF. DIE 'FÜNFHEIT' WIEDERHOLTE SICH IN DEN FÜNF UNTERSCHIEDLICHEN TÜREN DER HINTEREN EINSTÖCKIGEN BÜHNE. BEIDE BÜHNENEBENEN HATTEN UNTERSCHIEDLICHE RELIGIÖSE BEDEUTUNGEN, DIE DEN AKTIONEN DER SCHAUSPIELER NEUE DIMENSIONEN VERLIEH.

ABB.: 27

ARS QUADRATA: KÜNSTLICH HERGESTELLTE ORTE UND BILDER VON KÖRPERLICHEN DINGEN (TIERE, MENSCHEN, OBJEKTE, GEBÄUDE, RÄUME). DIESE WERKE WURDEN DURCH EINE ORGANISCHE BEZIEHUNG ZUM HIMMEL ASTRAL AKTIVIERT.

GEDÄCHTNISTHEORIEN UND MNEMOTECHNIKEN

600 500 400 300 200 100 0 100 200 300 400 500 600 700 800 900 1000 1100 1200 1300 1400 1500 1600 1700 1800 1900 2000

Fig.:

IN DIESEM JAHRHUNDERT WECHSELTEN DIE GELEHRTEN VON DER METHODE DES AUSWENDIGEERNENS DER 'ENZYKLOPEDIE DES WISSENS' ZUR ERFORSCHUNG DER WELT – MIT DEM ZIEL, NEUES WISSEN ZU ENTDECKEN.

FRANCIS BACON (1561–1626) VERWENDETE MNEMOTECHNIK FÜR DEN HAUSGEBRAUCH. IN SEINEM TREPPENHAUS GAB ES BEMALTE GLASFENSTER, DIE IHM ALS 'TOPIKEN' FÜR DEN LOKALEN GEBRAUCH DIENTEN (ABB.: 28).

ABB.: 28

BACON MEINTE DIE GEDÄCHTNISKUNST VERBESSERN ZU KÖNNEN. ER FORDERTE 'WIRKLICHE ZEICHEN', DIE 'WIRKLICH' IM ZUSAMMENHANG MIT DEN VON IHNEN AUSGEDRÜCKTEN VORSTELLUNGEN STÜNDEN. DIE EINZELHEITEN DER STOFFE, DIE FÜR WEITERE FORSCHUNGEN IM HINTERKOPF PRÄSENT SEIN SOLLTEN, MUSSTEN VORHER IN EINE ORDNUNG GEBRACHT WERDEN. MIT HILFE EINER EIGENEN VERSION VON DEN REGELN FÜR BILDER UND ORTE WOLLTE ER DIE BEURTEILUNG DES STOFFES ERLEICHTERN. DIE DINGE DES INTELLEKES WURDEN IM 'ORTSGEDÄCHTNIS' ZU 'SENSIBLEN DINGEN VERRINGERT (PRÄNOTIONEN) UND IM 'BILDGEDÄCHTNIS' AUF SENSIBLE BILDER (EMBLEME) REDUZIERT.

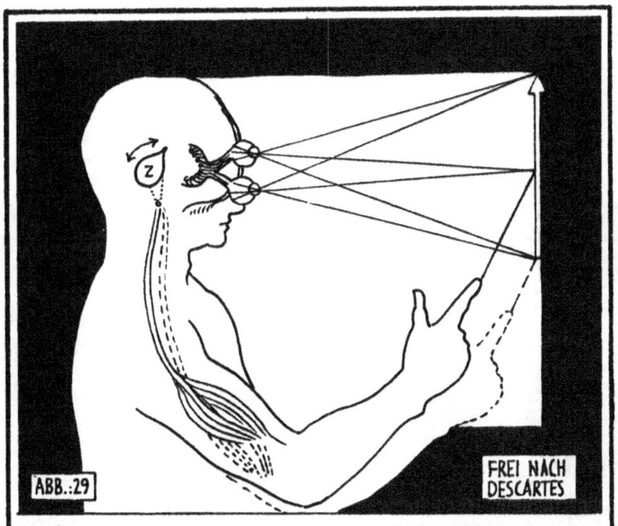

ABB.: 29

FREI NACH DESCARTES

RENÉ DESCARTES (1596–1650) STAND IN DER TRADITION GALENS (ABB.: 29). DEN 'SPIRITUS ANIMALIS' LIEß ER AUF BESONDEREN BAHNEN VON DER ZIRBELDRÜSE (Z) AUS DURCH DAS GEHIRN FLIEßEN. DIESE DRÜSE, AUS WEICHER MATERIE, WURDE VON DER KRAFT DES BLUTES IM GLEICHGEWICHT GEHALTEN. DURCH DAS BEUGEN NACH VORNE, ODER HINTEN, TRAT DER SPIRITUS ANIMALIS AUS IHR HERAUS UND LÖSTE AN EINIGEN STELLEN "GEDÄCHTNIS" AUS. DAS KÜNSTLICHE GEDÄCHTNIS PLANTE ER NACH 'URSACHEN' ZU ORGANISIEREN. EINE URSACHE BETRACHTETE ER ALS 'LEICHT AUFFINDBAREN' EINDRUCK. IN URSÄCHLICHE BILDER VERWANDELT, SOLLTEN SIE IN ABHÄNGIGKEIT VONEINANDER GESTALTET SEIN.

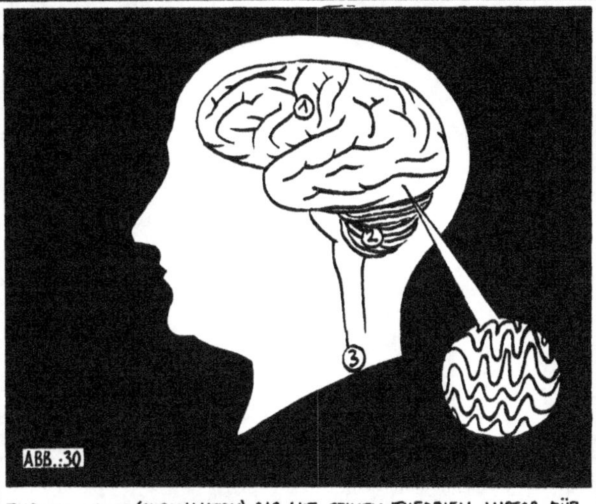
ABB.: 30

THOMAS WILLIS (HIRNANATOM) GAB MIT SEINEN THEORIEN ANSTOß FÜR DIE EXPERIMENTELLE HIRNPHYSIOLOGIE. DEN 'SPIRITUS ANIMALIS' SAH ER NICHT IN DEN VENTRIKELN SITZEN, SONDERN DURCH WINZIGE KANÄLE DER HIRNSUBSTANZ STRÖMEN (ABB.: 30). ER INTERPRETIERTE JENEN ALS ZWITTERWESEN, EIN GEMISCH AUS REALEM UND GEISTIGEM SEIN, DESTILLIERT AUS DEM DUNST DES BLUTES. HÖHERE HIRNFUNKTIONEN WIE GEDÄCHTNIS, VORSTELLUNG UND BEWUßTER WILLE ORDNETE ER DER GROßHIRNRINDE (GHR ①) ZU. DIE FUNKTIONEN WAREN DORT ALS WELLENBEWEGUNG TÄTIG UND IM NICHT-AKTIVEN ZUSTAND IN DER GHR ALS WELLEN EINGEFROREN. DIE VEGETATIVEN FUNKTIONEN WIE ATMUNG, HERZSCHLAG, UND VERDAUUNG VERLEGTE ER INS KLEINHIRN ②, DEN SENSUS COMMUNIS IN DAS RÜCKENMARK ③.

LEIBNIZ (1646–1716) ERÖRTERTE DIE GEDÄCHTNISKUNST IN SEINER SCHRIFT 'NOVA METHODUS DISCENDAE' (1667). 'MNEMONIKA' (MN), 'LOGIKA' (L) UND 'METHODOLOGIA' (M) WAREN AN DER BILDUNG VON ARGUMENTEN (A) BETEILIGT. 'MNEMONIKA' GAB DEN ARGUMENTEN DEN STOFF, DIE 'METHODOLOGIA' DEM STOFF DIE FORM, DIE DANN DIE 'LOGIKA' MITEINANDER KOMBINIERTE (ABB.: 31).

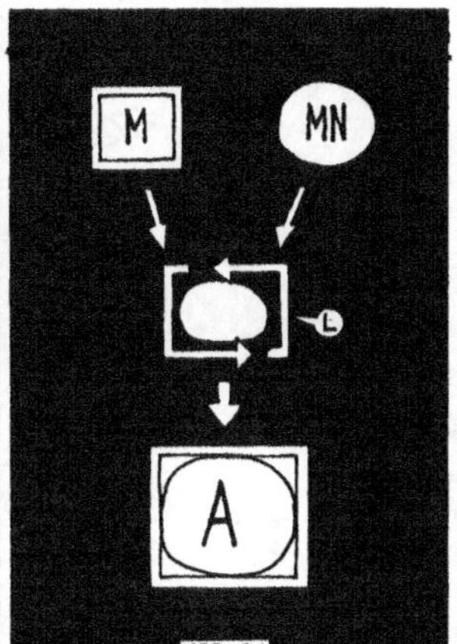

ABB.: 31

IN SEINEN UNTERSUCHUNGEN VERQUICKTE ER LULLISMUS UND ARITHMETIK MITEINANDER. ALS GEDÄCHTNISBILD ENTWICKELTE ER 'NOTA'. ES BESTAND AUS DEM BILD EINES SINNLICHEN DINGES, DAS AN DAS ZU ERINNERNDE DING GEBUNDEN WAR. ER PLANTE DIE 'NOTAE' ALS UNIVERSALSCHRIFT WIE EIN ALPHABET ZU VERWENDEN. DIE SCHEMATISCHE KONSTRUKTION DER ZEICHEN SOLLTE EIN REGELSYSTEM ERMÖGLICHEN (GESCHRIEBEN, GEFORMT, GEZEICHNET). DIESE ZEICHEN STELLTEN VORSTELLUNGEN UND OPERATIONEN DAR, FÜR DIE ES BISLANG NOCH KEINE NOTATIONEN GAB.

UNTER DEM TITEL "CHARAKTERE" SUCHTE ER DIESE IDEE IM GROßEN STIL ZU VERWIRKLICHEN. LISTEN VON DENKVORSTELLUNGEN SOLLTEN SYMBOLEN (CHARAKTEREN) ZUGEORDNET WERDEN, UM SO DAS GESAMTE WISSEN DURCH BILDER ZU SYNTHETISIEREN. DIESES PROJEKT WURDE NIE VOLLENDET. HINGEGEN FAND ER IM RAHMEN SEINER MATHEMATISCHEN FORSCHUNGEN SYMBOLE FÜR DIE DARSTELLUNG VON QUANTITÄTEN UND IHREN BEZIEHUNGEN. DAS IST UNS HEUTE ALS INFINITESIMALRECHNUNG BEKANNT.

GEDÄCHTNISTHEORIEN UND MNEMOTECHNIKEN

Fig.:

SOEMMERING (1755-1830, GEHIRNANATOM) GRIFF IN SEINER SCHRIFT "ÜBER DAS ORGAN DER SEELE", 130 JAHRE NACH WILLIS, AUF DIE ARISTOTELES-SCHOLASTISCHE DREIZELLENLEHRE

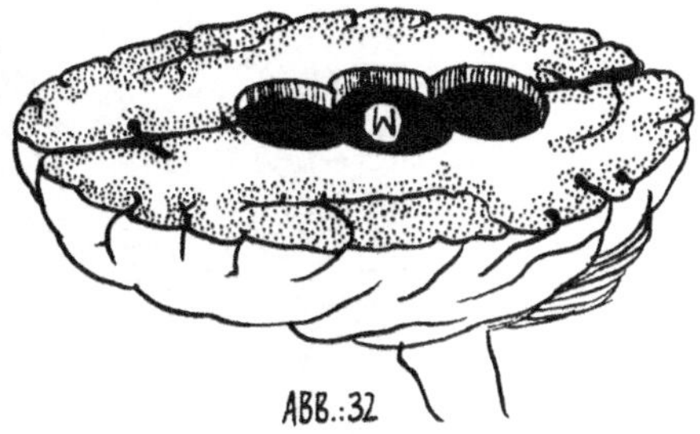

ZURÜCK. DAS WASSER (W) DER GEHIRNHÖHLEN BEHERBERGTE DEN SENSUS COMMUNIS. ER DEUTETE DAS WASSER ALS ORGAN DER SEELE, IN DEM SICH ALLE EMPFINDUNGEN VERMENGEN (ABB.: 32).

ABB.: 32

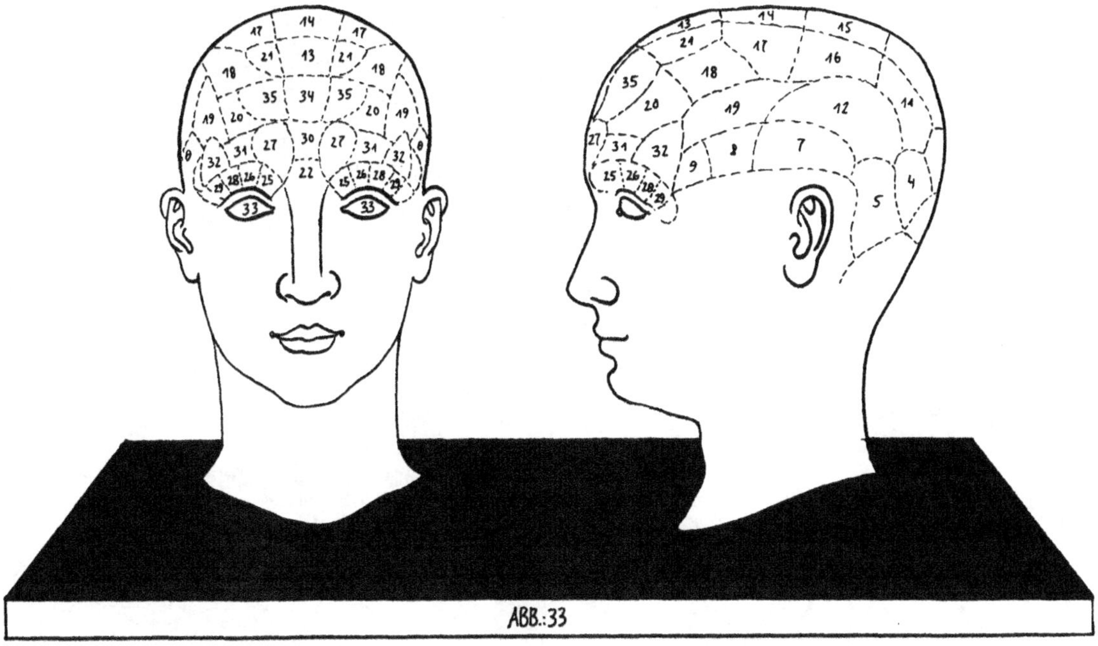

ABB.: 33

FRANZ JOSEF GALL (1758-1828, HIRNANATOM) ZERLEGTE DAS GEHIRN NICHT - WIE ÜBLICH - IN SCHEIBEN, SONDERN NACH STRUKTURELLEN GESICHTSPUNKTEN. ER LIEFERTE WICHTIGE ERKENNTNISSE ZUR NERVÖSEN FEINSTRUKTUR VON GEHIRNMARK UND GROßHIRNRINDE. IN DEM STIRNLAPPEN DER GROßHIRNRINDE VERMUTETE ER DAS SPRACHVERMÖGEN. GROTESKE BERÜHMTHEIT ERLANGTEN SEINE 'LOKALISATIONSTHEORETISCHEN' BEMÜHUNGEN. DIE VON IHM ENTWICKELTE "PHRENOLOGIE" ERMÖGLICHTE DIE FÄHIGKEITEN, TRIEBE UND EIGENSCHAFTEN VON DER SCHÄDELFORM ABZULESEN. JENE THEORIE BASIERTE AUF DER, MITTE DES 18. JAHRHUNDERTS ENTWICKELTEN, 'ERFAHRUNGSSEELENKUNDE' (ABB.: 33).

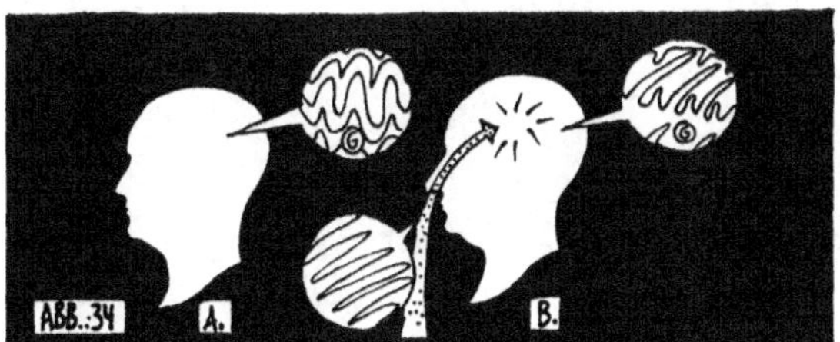

NACH DAVID HARTLEYS THESEN (BEGRÜNDER DER ASSOZIATIONSPSYCHOLOGIE) BERUHTE DAS GEDÄCHTNIS Ⓖ AUF SCHWINGUNGEN, DIE SCHON VOR DER GEBURT (A.) EINSETZTEN. SEINE THEORIE BAUTE AUF DEN NEWTONSCHEN SCHWINGUNGSGESETZEN AUF. JENE SCHWINGUNGEN WÜRDEN DANN VON DEN SINNESWAHRNEHMUNGEN MODIFIZIERT (B.). IN DIESER ZEIT ENTDECKTEN DIE ANATOMEN ERSTMALS EINEN ZUSAMMENHANG ZWISCHEN ELEKTRISCHEN KRÄFTEN UND DEN HIRNFUNKTIONEN (ABB.: 34).

GEDÄCHTNISTHEORIEN UND MNEMOTECHNIKEN

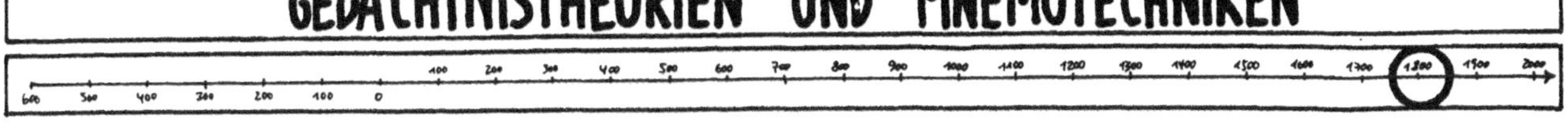

Fig.:

IM 19. JAHRHUNDERT SCHWENKTE DIE GEDÄCHTNISTHEORIE VON DER 'ISOLATIONISTISCH-STATISCHEN LEHRE' ZU EINER DER DYNAMIK. VORAUSSETZUNGEN FÜR DIESEN WANDEL WAREN EXAKTERE KENNTNISSE IM BEREICH DER MIKROANATOMISCH NEURALEN STRUKTUREN UND DER NEUROPHYSIOLOGIE. JENEN 'WISSENSZUWACHS' VERDANKTEN DIE FORSCHER GRÖẞTENTEILS KRIEGSOPFERN.

MEYNERT (HIRNANATOM) UNTERSCHIED ZENTRIPETAL LEITENDE EMPFINDUNGSBAHNEN Ⓐ UND ZENTRIFUGAL VERLAUFENDE BEWEGUNGSBAHNEN Ⓑ. ERSTERE Ⓐ FÜHRTEN DIE DATEN DER SINNESPERIPHERIE ZUR GROẞHIRNRINDE (GHR). BEI BEDARF ERTEILTEN DANN - VON DER GHR AUSGEHEND - Ⓑ DER MUSKULATUR MOTORISCHE IMPULSE (ABB.: 35).

ABB.: 35

DAS GEDÄCHTNIS BRACHTE MAN NICHT MEHR MIT BESTIMMTEN HIRNREGIONEN IN VERBINDUNG, SONDERN SAH ES IN SEINER GESAMTHEIT IN ALLEN HIRNREGIONEN BEHERBERGT. 1865 WIES BROCA IM LINKEN SCHLÄFENLAPPEN DAS MOTORISCHE SPRACHZENTRUM ① NACH. FRITSCH UND HITZIG LOKALISIERTEN 1870 DAS FÜR BEWEGUNG VERANTWORTLICHE 'PRIMÄR MOTORISCHE CORTEXAREAL ②. 1874 FAND WERNICKE DAS REZEPTIVE GEGENSTÜCK ZUM MOTORISCHEN SPRACHZENTRUM: DAS SENSORISCHE SPRACHZENTRUM ③ (ABB.: 36)

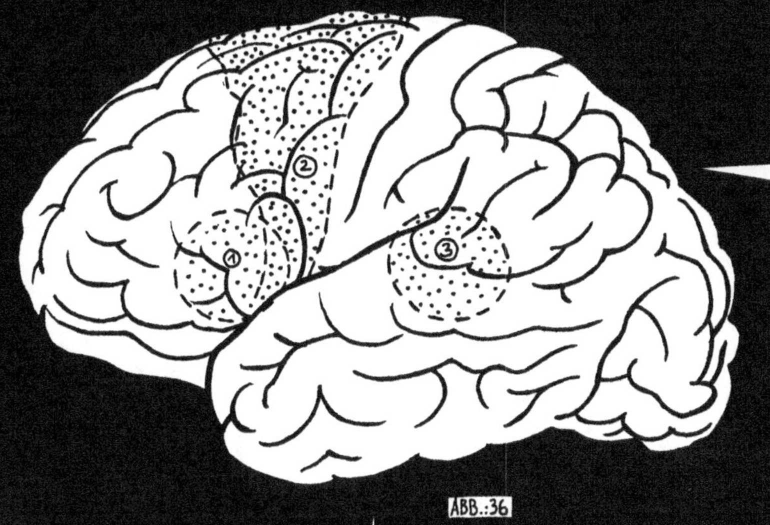

ABB.: 36

BROCA UND WERNICKE BESCHRIEBEN LEISTUNGSSTÖRUNGEN, DIE AUF SCHÄDIGUNGEN DER GHR BERUHTEN, WIE Z.B.: APRAXIEN, AGNOSIEN, APHASIEN UND AMNESIEN. IHRE ERKENNTNISSE FÜHRTEN SIE ZU DEM SCHLUẞ, DAẞ ERINNERUNGSBILDER WOANDERS LAGERTEN, ALS IN AREALEN, IN DENEN SENSITIVE WAHRNEHMUNGEN ZUSTANDE KAMEN. DIE GHR UNTERTEILTEN SIE IN PERZEPTIONS UND ERINNERUNGSFELDER. REGIONEN, WIE ZB.: DAS STIRNHIRN, DIE NICHT SO FUNKTIONAL INTERPRETIERT WERDEN KONNTEN, GALTEN ALS 'WEIẞE FLECKEN'. DIESE DEUTETE MAN ALS 'RANGIERBAHNHÖFE', DIE ZWISCHEN DEN GENAUER BESTIMMTEN RINDENFELDERN VERMITTELTEN.

EBBINGHAUS SIEHT MAN HEUTE ALS BEGRÜNDER DER EMPIRISCHEN GEDÄCHTNISFORSCHUNG AN. 1885 VERFASSTE ER DIE SCHRIFT "ÜBER DAS GEDÄCHTNIS". IN JENER BEHAUPTETE ER, DAẞ JEGLICHE THEORETISCHE ANSÄTZE ZU GEDÄCHTNIS, REPRODUKTIONS- UND ASSOZIATIONSVORGÄNGEN BISLANG UNFRUCHTBAR WAREN, DA DAS WISSEN DER FORSCHER VON METAPHERN AUFGEWEICHT UND ZU UNSPEZIFISCH WÄRE. EBBINGHAUS PRIMÄRES ZIEL WAR, DIE MENTALEN PROZESSE - GENAU WIE BIOLOGISCHE ODER PHYSIKALISCHE PROZESSE - MIT NATURWISSENSCHAFTLICHEN METHODEN ZU UNTERSUCHEN UND ZU ERFASSEN. SEINE ANNAHMEN UNTERMAUERTE ER MIT HILFE DER EXPERIMENTELLEN PSYCHOLOGIE.

Fig.:

DIE MODERNE GEDÄCHTNISFORSCHUNG SEIT EBBINGHAUS RECHERCHIERT HEUTE (GROB) IN DREI WISSENSCHAFTLICHEN BEREICHEN: FORSCHER LENKEN IHR AUGENMERK AUF DIE ERFORSCHUNG DER BIOCHEMISCHEN BASIS DES GEDÄCHTNISSES, KLINISCHE UNTERSUCHUNGEN UND DIE KOGNITIVE PSYCHOLOGIE.
BIS CA. 1947 WAR DER NATURWISSENSCHAFTLICHE CHARAKTER DER GEDÄCHTNISFORSCHUNG METHODISCHER ART. DIE EXPERIMENTELLE PSYCHOLOGIE (GEWÜRZT MIT ASSOZIATIONSPSYCHOLOGISCHEN VORSTELLUNGEN) LIEFERTE UNZÄHLIGE DATEN ÜBER GESETZMÄßIGE ZUSAMMENHÄNGE - ABER KEINE ÜBERGREIFENDE THEORIE.
DIE GEDÄCHTNISFORSCHUNG WURDE IN DEN 20 ER UND 30 ER JAHREN STARK VON DER SOGENANNTEN 'WÜRZBURGER SCHULE' BEEINFLUßT. SIE WIDMETEN SICH DER WAHRNEHMUNGS- UND DENKPSYCHOLOGIE UND ERFORSCHTEN DIE STRUKTUREN UND ELEMENTE VON BEWUßTSEINSERLEBNISSEN. IHRE ERKENNTNISSE NAHMEN DIE GEDÄCHTNISFORSCHER ALS BASIS FÜR ERSTE REPRÄSENTATIONSANNAHMEN. WAS FÜR DIE KONSOLIDIERUNG VON WAHRNEHMUNGEN GALT, KONNTE AUCH FÜR DIE REPRODUKTION GELTEN.
DURCH DIE KRIEGSWIRREN DRIFTETE DIE GEDÄCHTNISFORSCHUNG IN DEN ANGLOAMERIKANISCHEN RAUM AB. ZUR ASSOZIATIONSPSYCHOLOGISCHEN SICHTWEISE GESELLTE SICH DIE 'BEHAVIORISTISCHE'.
IN DEN 30 ERN LIEFERTE BARTLETT (PSYCHOLOGE, OXFORD) DIE ERSTE KLARGEFASSTE REPRÄSENTATIONSANNAHME. ER POSTULIERTE, DAß DIE INFORMATIONSAUFNAHME DURCH 'SCHEMATA' GELEISTET WÜRDE, DIE IM LANGZEITGEDÄCHTNIS EINGESPEICHERT WÄREN. EIN 'SCHEMA' BEINHALTETE TYPISCHE, DURCH ABSTRAKTION GEWONNENE STRUKTUREN, DIE WESENTLICHE MERKMALE EINER GANZEN KLASSE VON REIZEN ZU EINER EINHEIT ORDNETEN.
IN DEN 50 ERN ERHIELT DIE GEDÄCHTNISFORSCHUNG VON DER KYBERNETIK (WIENER) UND DER INFORMATIONSTHEORIE (SHANNON) NEUE IMPULSE. DIE BEIDEN NEUEN FORSCHUNGSRICHTUNGEN UNTERSUCHTEN DEN ABLAUF VON STEUERUNGS- UND REGELUNGSVORGÄNGEN DIE WAHRNEHMUNGS- UND DENKPROZESSEN ZUGRUNDE LAGEN. IN JENEN JAHREN MACHTE PENFIELD (USA, NEUROCHIRURG) EINE ERSTAUNLICHE ENTDECKUNG: ER REIZTE AM OFFENEN GEHIRN NERVENZELLEN UND LÖSTE BEI SEINEN PATIENTEN LÄNGST VERLOREN GEGLAUBTE ERINNERUNGEN AUS. WÄHRENDDESSEN STRITTEN SICH AUF DEM FELD DER EXPERIMENTELLEN PSYCHOLOGIE ZWEI VERGESSENSTHEORIEN. DIE 'ZERFALLSTHEORIE' SAH DAS VERGESSEN ALS AUTONOMEN, ZEITBEDINGTEN PROZESS AN UND DIE 'INTERFERENZTHEORIE' GLAUBTE, DAß HEMMPROZESSE DAS EINSPEICHERN UND AUFFINDEN ERSCHWERTEN.
SPERRY (USA, HIRNPHYSIOLOGE) UNTERSUCHTE IN DEN 60 ERN DIE GENAUEN FUNKTIONEN DER HIRNHÄLFTEN UND LEGTE, ZUSAMMEN MIT CRICK UND WATSON (ENGLAND, BIOCHEMIKER), DIE DIE DNA-DOPPELHELIX ENTDECKTEN, DIE GRUNDSTEINE FÜR DIE GEDÄCHTNISFORSCHUNG AUF NEUROCHEMISCHEM UND NEUROPHYSIOLOGISCHEM GEBIET. AUS DER EXPERIMENTELLEN PSYCHOLOGIE, DER KYBERNETIK UND DER INFORMATIONSTHEORIE ENTWICKELTE SICH IN DEN 60 ERN DIE KOGNITIVE PSYCHOLOGIE. SIE WIDMET SICH DER UNTERSUCHUNG INTERNER REPRÄSENTATIONEN UNTER ANNAHME EINER 'SPRACHE DES GEISTES'. DIE ERGEBNISSE DER KOGNITIVEN PSYCHOLOGEN ÄHNELN DEN ERKENNTNISSEN DER RHETORIKLEHRER AUS DER ANTIKE. DAß DAS GEDÄCHTNIS FÜR BEDEUTUNGEN DAUERHAFTER IST, ALS DAS FÜR DIE 'BEDEUTUNGSBILDENDEN' DETAILS, GILT HEUTE ALS ERWIESEN.
© JEANETTE SCHULZ 1993
GEDÄCHTNISTHEORIEN UND MNEMOTECHNIKEN
600 500 400 300 200 100 0
100 200 300 400 500 600 700 800 900 1000 1100 1200 1300 1400 1500 1600 1700 1800 1900 2000
20

Fig.:

GEDÄCHTNISARTEN UND MODELLVORSTELLUNGEN:

LETZTHIN WURDE DER SENSORISCHE INPUT INTENSIVER ERFORSCHT ALS DER 'RÜCKRUF.' HEUTE UNTERSCHEIDET MAN DREI GEDÄCHTNISARTEN: DIE 'HABITUATION', DIE 'KONDITIONIERUNG' UND DAS 'WISSENSGEDÄCHTNIS.' DIE KONDITIONIERUNG BEWIRKT EINE VERÄNDERUNG DES VERHALTENS. BEIM MENSCHEN IST DIESE GEDÄCHTNISART FÜR DIE AUSBILDUNG VON VEGETATIVEN FUNKTIONEN WICHTIG. DAS WISSENSGEDÄCHTNIS SETZT SICH AUS UNTERSCHIEDLICHEN KOGNITIVEN PROZESSEN ZUSAMMEN. ES WIRD IN EIN SENSORISCHES, EIN PRIMÄRES, SEKUNDÄRES UND TERTIÄRES GEDÄCHTNIS UNTERTEILT, WIE WAUGH UND NORMAN (70ER JAHRE, ENGLAND, NEUROWISSENSCHAFTLER) IN EINEM MODELL VERANSCHAULICHEN (ABB.: 37).

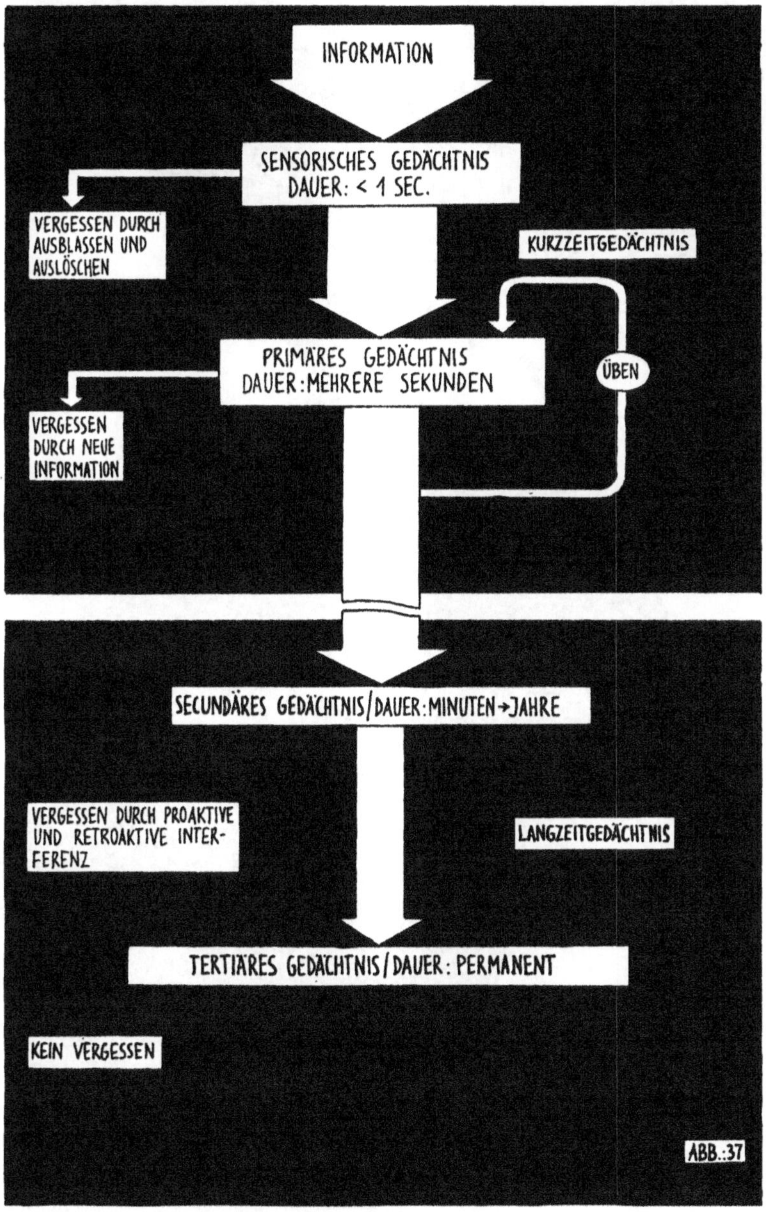

ABB.: 37

DAS SENSORISCHE GEDÄCHTNIS BETRIFFT ALLE SINNESEINGÄNGE. DIE DORT EINGEHENDEN REIZE BLEIBEN MEHRERE SEKUNDEN STABIL. DAS DIENT DER KODIERUNG, DER EXTRAKTION VON MERKMALEN, SOWIE DER ANREGUNG VON AUFMERKSAMKEITSSYSTEMEN. NONVERBALE INFORMATION WIRD SOFORT IN DAS SEKUNDÄRE GEDÄCHTNIS WEITERGELEITET, DAS VERBALE MATERIAL GELANGT IN DAS PRIMÄRE GEDÄCHTNIS. DORT WIRD DIE INFORMATION IN EINE ZEITLICHE REIHENFOLGE GEBRACHT.

DURCH ÜBEN GELANGT DIE INFORMATION IN DAS SEKUNDÄRE GEDÄCHTNIS. HIER WIRD DIE INFORMATION NACH BEDEUTUNGEN EINGESPEICHERT. DER RÜCKRUF DAUERT LÄNGER. EINE STÖRUNG IM LERNVORGANG KANN VOR DER AUFNAHME IN DAS SEKUNDÄRE GEDÄCHTNIS, DURCH EINE PROAKTIVE HEMMUNG, ODER NACH DER AUFNAHME, DURCH EINE RETROAKTIVE HEMMUNG ERFOLGEN.

DAS RESULTAT MULTIPLER ÜBUNGSVORGÄNGE IST DAS TERTIÄRE GEDÄCHTNIS. DORT IST DIE INFORMATION RÄUMLICH UND ZEITLICH, ALS ENGRAMM, EINGESPEICHERT. ENGRAMME ENTSTEHEN DURCH STRUKTURELLE VERÄNDERUNGEN AN EINER VIELZAHL VON SYNAPSENMEMBRANEN. SIE ZEICHNEN SICH DURCH EXTREM KURZE ZUGRIFFSZEITEN AUS. DAS TERTIÄRE GEDÄCHTNIS WIRD IN EIN PROZEDURALES UND EIN DEKLARATIVES GEDÄCHTNIS UNTERTEILT. DAS PROZEDURALE IST PHYLOGENETISCH ÄLTER UND SPEICHERT UNSER MOTORISCHES VERMÖGEN. DAS DEKLARATIVE GEDÄCHTNIS BEHERBERGT UNSERE SPRACHLICH CODIERTEN REGELN. ES ZWEIGT SICH IN DAS SEMANTISCHE UND DAS EPISODISCHE GEDÄCHTNIS AUF. ERSTERES UMFASST DAS SPRACHLICH ODER BILDLICH CODIERTE WISSEN UND DAS ZWEITE DAS 'WANN' DES LERNENS.

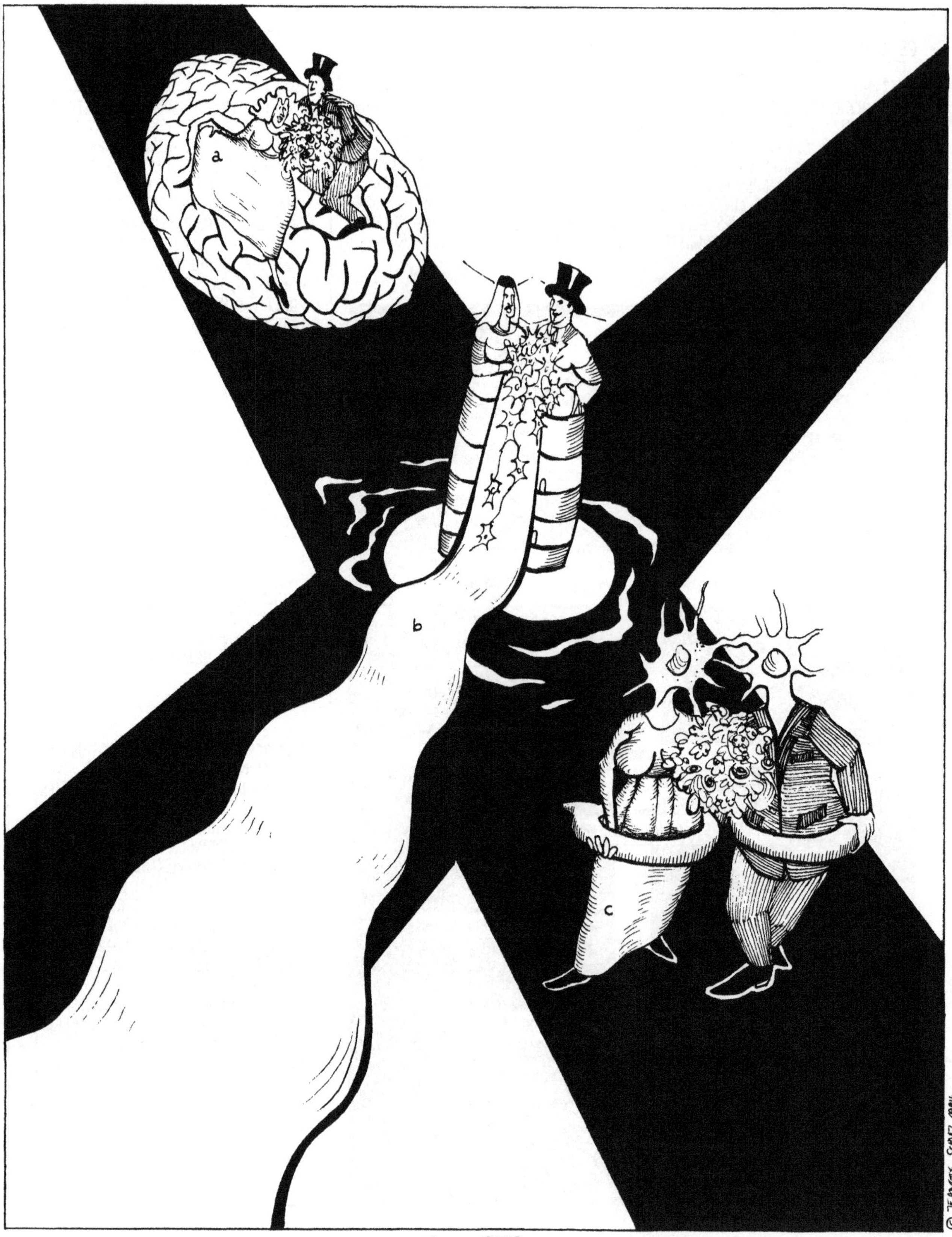

Fig.:

	SENSORISCHES GEDÄCHTNIS	PRIMÄRES GEDÄCHTNIS	SEKUNDÄRES GEDÄCHTNIS	TERTIÄRES GEDÄCHTNIS
KAPAZITÄT	BEGRENZT DURCH DIE VOM RECEPTOR WEITERGELEITETEN INFORMATIONEN	GERING	SEHR GROß	SEHR GROß
DAUER	BRUCHTEILE EINER SEKUNDE	MEHRERE SEKUNDEN	MEHRERE MINUTEN BIS JAHRE	DAUERND
AUFNAHME IN DEN SPEICHER	AUTOMATISCH BEI WAHRNEHMUNG	BEI VERBALER INFORMATION	DURCH ÜBEN	DURCH SEHR HÄUFIGES ÜBEN
ORGANISATION	ABBILD DES PHYSIKALISCHEN REIZES	ZEITLICHE ORDNUNG	SEMANTISCH UND NACH ZEITLICH-RÄUMLICHEN ZUSAMMENHÄNGEN (GESTALT-LERNEN)	?
ZUGRIFF ZUM SPEICHER	NUR DURCH GESCHWINDIGKEIT DER AUSGABE BEGRENZT	SEHR SCHNELLER ZUGRIFF	LANGSAMER ZUGRIFF	SEHR SCHNELLER ZUGRIFF
ART DER INFORMATION	SENSORISCH	VERBAL (UNTER ANDEREM ?)	ALLE FORMEN	ALLE FORMEN
ART DES VERGESSENS	VERBLASSEN UND AUSLÖSCHEN	NEUE INFORMATION ERSETZT ALTE	DURCH INTERFERENZ, PROAKTIV ODER RETROAKTIV	MÖGLICHERWEISE KEIN VERGESSEN

ABB.: 38 ÜBERBLICK ÜBER MENSCHLICHE GEDÄCHTNISPROZESSE. NACH ERVIN UND ANDERS (NEUROWISSENSCHAFTLER, USA, 70 ER JAHRE)

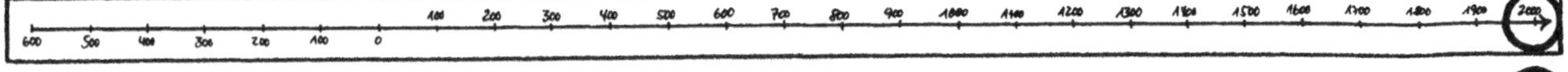

Fig.:

DAS GEHIRN : GRUNDLEGENDE FUNKTIONEN

IM 20. JAHRHUNDERT WIRD DAS GEHIRN ERWIESENERMAßEN ALS MATERIELLES SUBSTRAT MENTALER KAPAZITÄTEN WIE INTELLIGENZ, GEFÜHL, KREATIVITÄT, GEDÄCHTNIS UND BEWUßTSEIN ANGESEHEN. ES BEHERBERGT CA. EINE BILLION ZELLEN, EINHUNDERT MILLIARDEN DAVON SIND NERVENZELLEN. DAS NERVENGEWEBE HAT DIE FÄHIGKEIT, INFORMATIONEN ZU ERWERBEN, WEITERZULEITEN, ZU VERARBEITEN, ZU SPEICHERN UND AUSZUGEBEN. DIE SPEICHERKAPAZITÄT LIEGT BEI $3 \cdot 10^8$ BITS. NUR EIN PROZENT DER DURCH DAS BEWUßTSEIN FLIEßENDEN INFORMATIONEN WERDEN GESPEICHERT. NACH DER LAGE UNTERSCHEIDET MAN DAS ZENTRALE NERVENSYSTEM (GEHIRN UND RÜCKENMARK) VOM PERIPHEREN NERVENSYSTEM (AUSTRETENDE NERVEN AUS GEHIRN UND RÜCKENMARK). EIN TEIL DER FUNKTIONEN UND AUFGABEN DES NERVENSYSTEMS IST DEM AUSSENASPEKT, DER BEZIEHUNG ZUR UMWELT GEWIDMET (ANIMALES / ZEREBOSPINALES NERVENSYSTEM), EIN ANDERER DIENT DEM INNENASPEKT, IHM UNTERLIEGT DIE STEUERUNG UND KOORDINATION DER INNEREN ORGANE (VEGETATIVES / AUTONOMES NERVENSYSTEM). BEI EINEM GEHIRNSCHNITT ERKENNT MAN GRAUE UND WEIßE BEREICHE. IN DEN GRAUEN ZONEN SIND NERVENZELLEN ANGESIEDELT, IN DEN WEIßEN LEITUNGSBAHNEN. HIER UNTERSCHEIDET MAN 'AFFERENTE' (SENSIBLE NEURONEN, DIE INFORMATIONEN VON DER PERIPHERIE ZUM ZENTRALNERVENSYSTEM (ZNS) LEITEN) VON 'EFFERENTEN' FASERN (MOTORISCHE NEURONEN, ZNS → PERIPHERIE). DIE FUNKTION EINZELNER HIRNTEILE LÄSST SICH NUR GROB ANGEBEN (ABB.: 39). DIE HIRNHÄLFTEN, DURCH DEN BALKEN UND ANDERE FASERN VERBUNDEN, SIND NUR SCHEINBAR SYMMETRISCH. SPERRYS ERKENNTNISSEN ZUFOLGE VERWALTET DIE RECHTE HÄLFTE INFORMATIONEN, DIE IN RHYTHMEN, MUSIK, DIMENSIONEN, FARBEN UND WACHTRÄUMEREIEN VERPACKT SIND, DIE LINKE HINGEGEN JENE, DIE UNS IM GEWAND DER LOGIK, SPRACHE, ZAHLEN, FOLGE UND LINEARITÄT ERSCHEINEN.

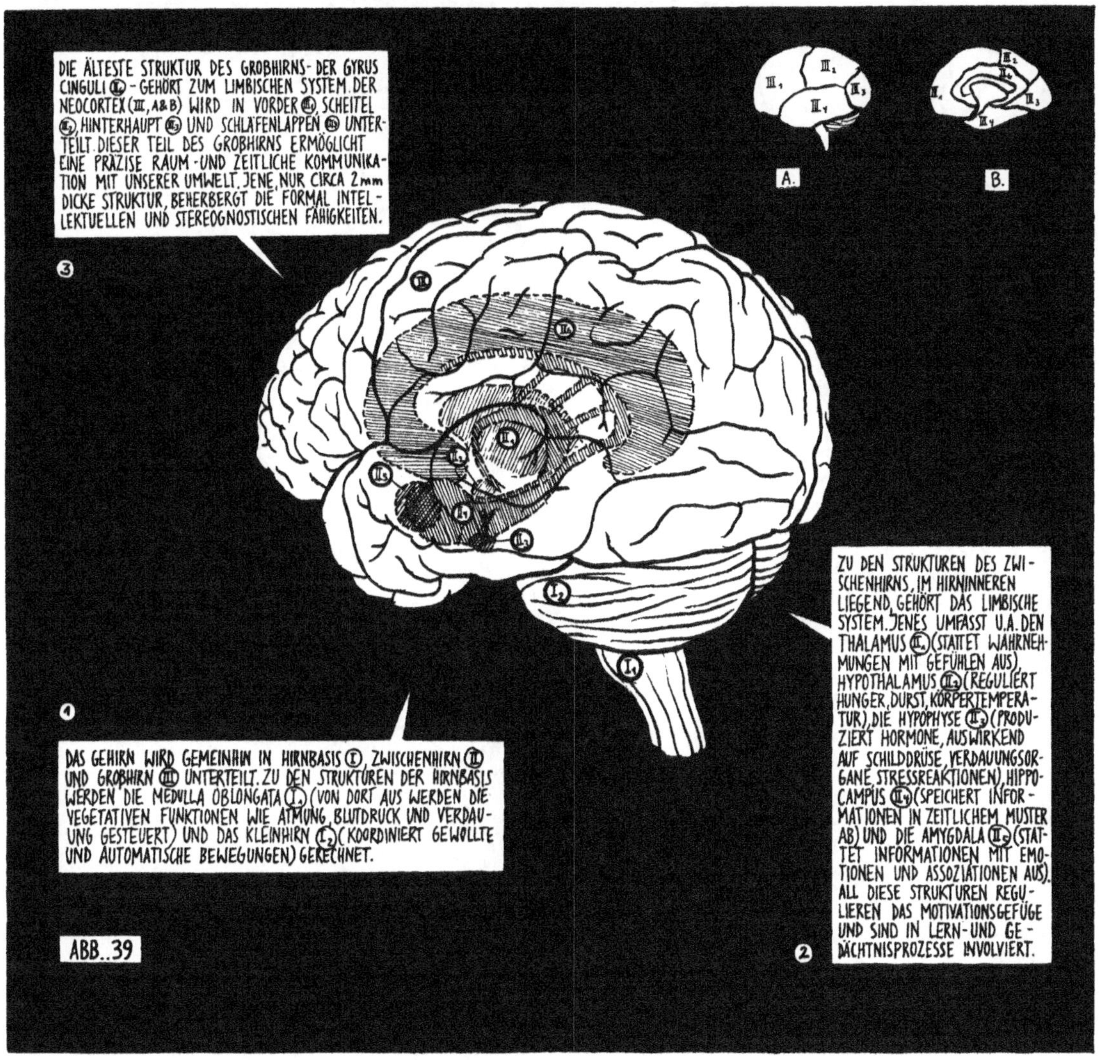

GEDÄCHTNISTHEORIEN UND MNEMOTECHNIKEN

600 500 400 300 200 100 0 100 200 300 400 500 600 700 800 900 1000 1100 1200 1300 1400 1500 1600 1700 1800 1900 2000

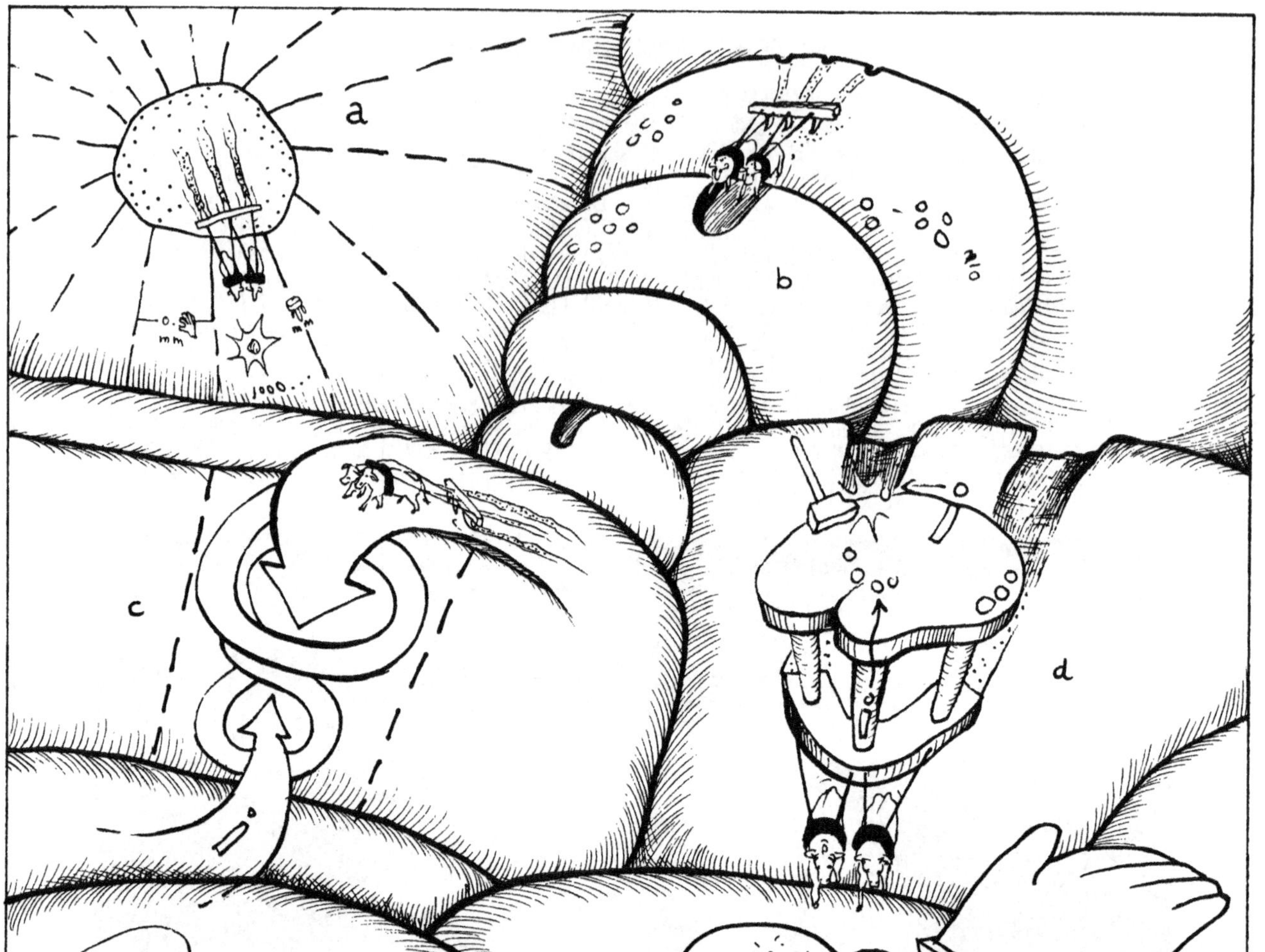

Fig.:

ALS MODELL FÜR DIE ORGANISATION DER NERVENZELLEN IN DER GHR WIRD DERZEIT DER 'KORTIKALE MODUL' DISKUTIERT. IN JENEM MODUL FORMULIEREN SICH ÜBER TAUSEND NERVENZELLEN ZU EINEM ZYLINDRISCHEN GEBILDE MIT EINEM DURCHMESSER VON CIRCA 0,5 mm UND EINER ↕ BIS ZU 3 mm. DIE GHR BEHERBERGT ZWEI- BIS VIERMILLIONEN SOLCHER MODULE, DIE SENKRECHT ZUR RINDENOBERFLÄCHE ANGEORDNET SIND. EIN MODUL ERHÄLT SEINE INFORMATIONEN AUS TIEFEREN HIRNSCHICHTEN UND INTRACORTICALEN REGIONEN. (ABB.: 40)

ABB.: 40 SCHEMA EINES RINDENMODULS

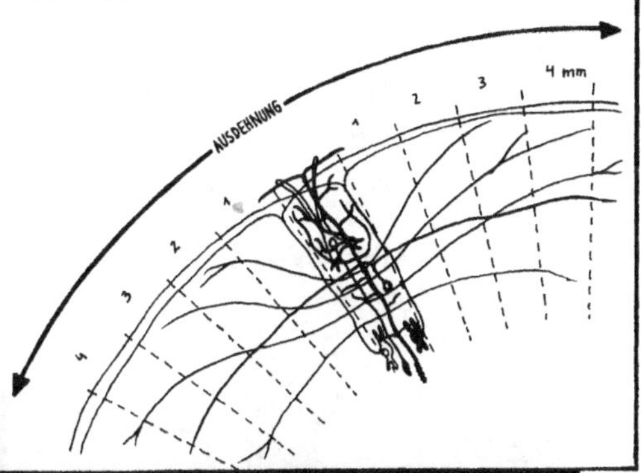

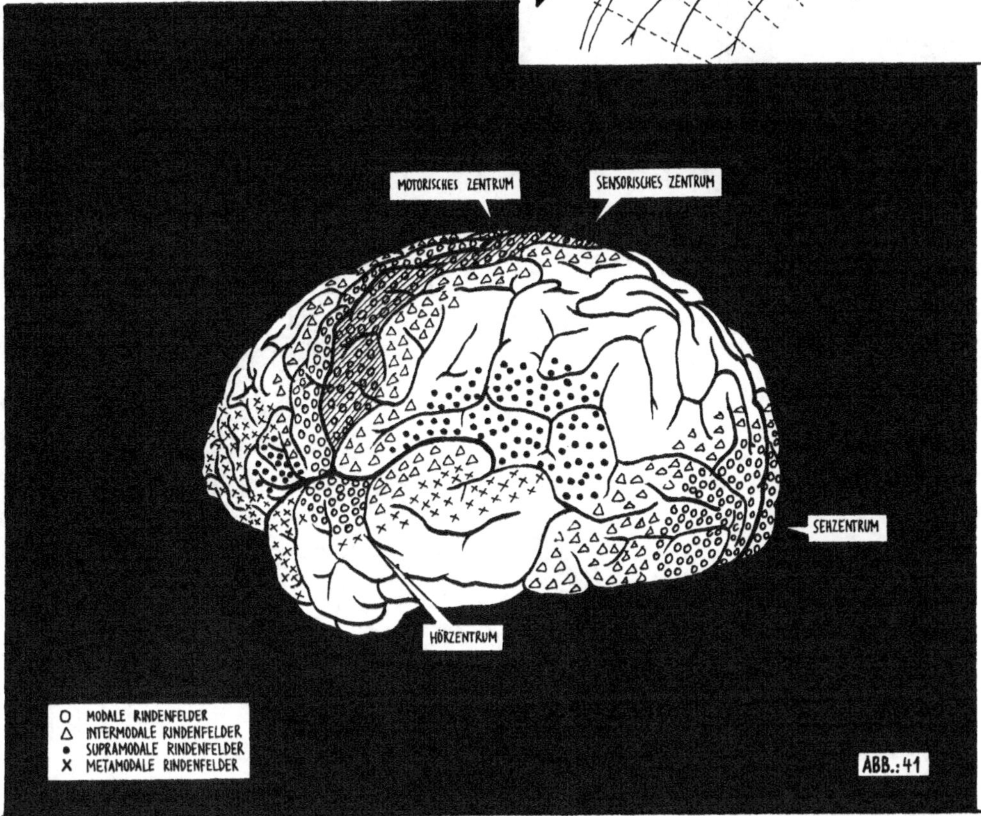

ABB.: 41

DIE GESAMTE GHR IST - JE NACH VERARBEITUNGSSTUFE - IN UNTERSCHIEDLICHE MODALE RINDENFELDER UNTERTEILT. INFORMATIONEN AUS TIEFEREN HIRNSCHICHTEN GELANGEN ZUERST IN MODALE RINDENFELDER. DORT WERDEN DIE EIN- UND AUSTRETENDEN INFORMATIONEN PRIMÄR, BZW. ENDGÜLTIG BEARBEITET. MODALE RINDENFELDER LOKALISIERTE MAN IN DER PRIMÄREN SEH-, HÖR- UND MOTORISCHEN REGION. JENE REGIONEN LEITEN DIE IMPULSE AN INTERMODALE RINDENFELDER WEITER. DER INFORMATIONSGEHALT WIRD HIER IN SCHON BESTEHENDE ENGRAMME INTEGRIERT. DIESE FELDER FINDEN WIR IN DER SCHEITEL-, SCHLÄFEN- UND STIRNREGION. JE NACH NATUR DER INHALTE WIRD DIE INFORMATION AN SUPRAMODALE RINDENFELDER ÜBERMITTELT. DORT VERSAMMELN SICH DIE KOGNITIVEN LEISTUNGEN IM WAHRNEHMUNGSBEREICH, WIE GNOSIEN (ZB.: SPRACHFUNKTIONEN) UND PRAXIEN. JENE FÄHIGKEITEN SIND SEITENASYMMETRISCH ANGELEGT. DIE HEMISPHÄREN DER GHR HABEN SICH SPEZIALISIERT. SO IST EINE QUALITATIV MODIFIZIERTE INFORMATIONSBEARBEITUNG MÖGLICH. AUF DER HÖCHSTEN VERARBEITUNGSEBENE - IN DEN METAMODALEN RINDENFELDERN - WERDEN DIE INFORMATIONSRESULTATE EINER KOMPLETTEN INTEGRATIVEN NEUBEARBEITUNG UNTERZOGEN. HIER WIRD DIE INFORMATION MIT ETHISCHER BEDEUTUNG EINGEKLEIDET. RINDENGEBIETE DIESER ART GIBT ES IM STIRN- UND SCHLÄFENLAPPEN. (ABB.: 41)

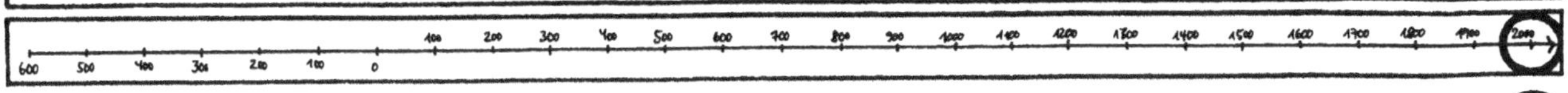

Fig.:

DIE STRUKTUR DES ZENTRALNERVENSYSTEMS WIRD VON ZWEI INFORMATIONSARTEN GEPRÄGT. DIE EINE IST GENETISCHER NATUR - ALSO IN DER NERVENZELLE FIXIERT UND STRUKTURIERT - DIE ANDERE EXISTIERT ALS KONTINUIERLICH FLUKTUIERENDE INPUT-INFORMATION UND VERFESTIGT SICH BEI BEDARF ZUR GEDÄCHTNISSPUR. EINE ERREGTE NERVENZELLE LEITET DIE INFORMATION IN FORM ELEKTRISCHER IMPULSE AN ANDERE NERVENZELLEN WEITER. ÜBER DAS AXON DER ZELLE PFLANZT SICH DIE ERREGUNG FORT UND WIRD AN DEN KONTAKTSTELLEN (SYNAPSEN) ZU ANDEREN ZELLEN ALS CHEMISCHES SIGNAL ÜBERTRAGEN. NEBEN DER SIGNALÜBERMITTLUNG STEUERN DIE SYNAPSEN AUCH DIE CODIERUNG DER GEDÄCHTNISINHALTE. ES GIBT ERREGENDE SYNAPSEN (ABB.: 42) UND HEMMENDE.

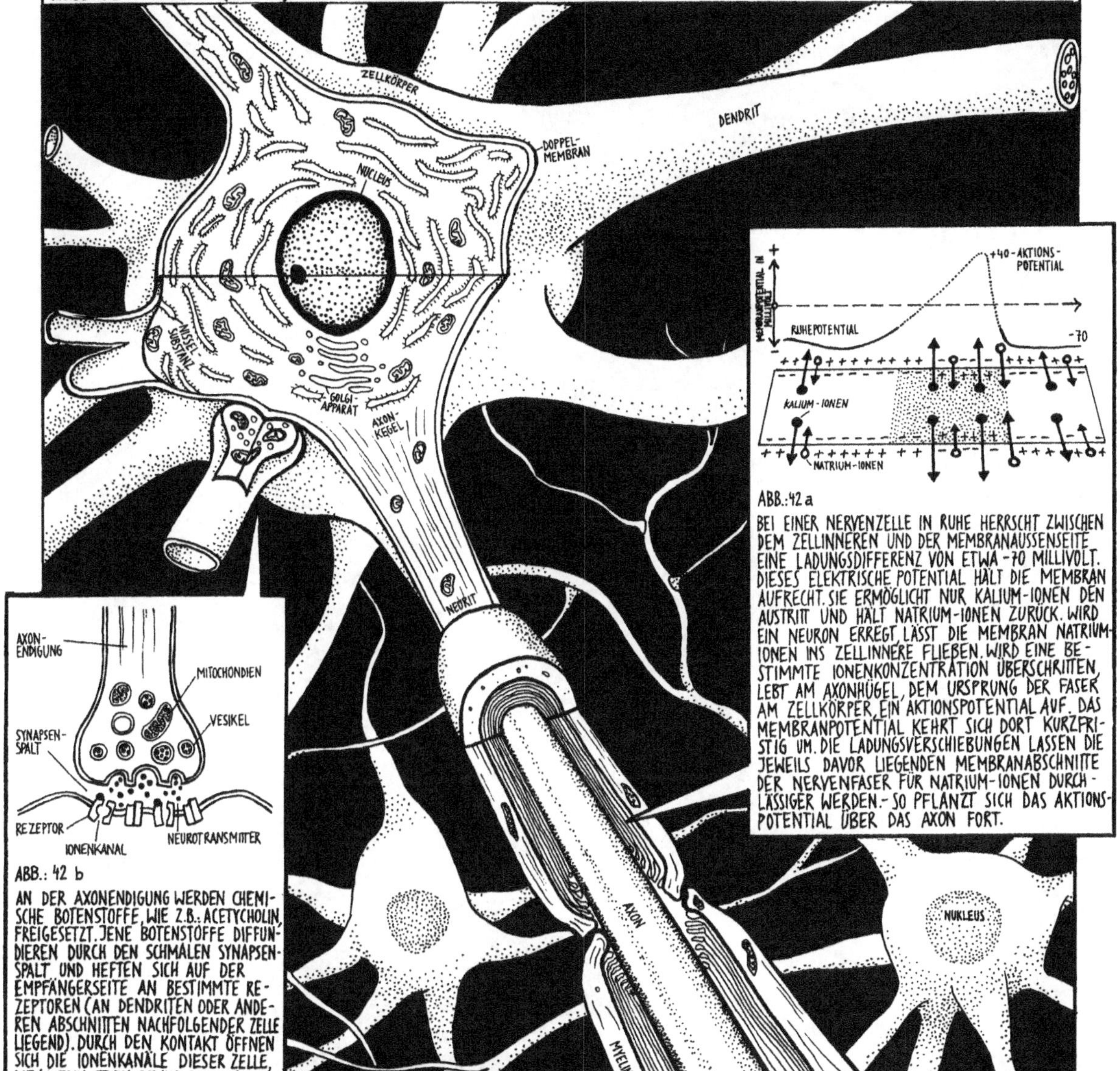

ABB.: 42 a

BEI EINER NERVENZELLE IN RUHE HERRSCHT ZWISCHEN DEM ZELLINNEREN UND DER MEMBRANAUSSENSEITE EINE LADUNGSDIFFERENZ VON ETWA -70 MILLIVOLT. DIESES ELEKTRISCHE POTENTIAL HÄLT DIE MEMBRAN AUFRECHT. SIE ERMÖGLICHT NUR KALIUM-IONEN DEN AUSTRITT UND HÄLT NATRIUM-IONEN ZURÜCK. WIRD EIN NEURON ERREGT, LÄSST DIE MEMBRAN NATRIUM-IONEN INS ZELLINNERE FLIEßEN. WIRD EINE BESTIMMTE IONENKONZENTRATION ÜBERSCHRITTEN, LEBT AM AXONHÜGEL, DEM URSPRUNG DER FASER AM ZELLKÖRPER, EIN AKTIONSPOTENTIAL AUF. DAS MEMBRANPOTENTIAL KEHRT SICH DORT KURZFRISTIG UM. DIE LADUNGSVERSCHIEBUNGEN LASSEN DIE JEWEILS DAVOR LIEGENDEN MEMBRANABSCHNITTE DER NERVENFASER FÜR NATRIUM-IONEN DURCHLÄSSIGER WERDEN. - SO PFLANZT SICH DAS AKTIONSPOTENTIAL ÜBER DAS AXON FORT.

ABB.: 42 b

AN DER AXONENDIGUNG WERDEN CHEMISCHE BOTENSTOFFE, WIE Z.B.: ACETYCHOLIN, FREIGESETZT. JENE BOTENSTOFFE DIFFUNDIEREN DURCH DEN SCHMALEN SYNAPSENSPALT UND HEFTEN SICH AUF DER EMPFÄNGERSEITE AN BESTIMMTE REZEPTOREN (AN DENDRITEN ODER ANDEREN ABSCHNITTEN NACHFOLGENDER ZELLE LIEGEND). DURCH DEN KONTAKT ÖFFNEN SICH DIE IONENKANÄLE DIESER ZELLE, DIE (WENN STARK GENUG ERREGT) DAS SIGNAL WEITERLEITET.

ABB.: 42

GEDÄCHTNISTHEORIEN UND MNEMOTECHNIKEN

Fig.:

HEUTIGEN ERKENNTNISSEN ZUFOLGE BESTEHT DAS 'GEDÄCHTNIS' NICHT AUS MOLEKÜLEN, SONDERN - WIE CAJAL 1893 SCHON ANNAHM - AUS DEN NEURONEN SELBST. DIE ERSTE HYPOTHESE FÜR EINEN ZELLULÄREN MECHANISMUS, DER DEM LERNEN VON ASSOZIATIONEN ZUGRUNDE LIEGEN KÖNNTE, LIEFERTE DER KANADISCHE PSYCHOLOGE D.O. HEBB 1949. NACH SEINEM MODELL MÜSSEN VOR- UND NACHGESCHALTETES - PRÄ- UND POSTSYNAPTISCHES - NEURON ZUR GLEICHEN ZEIT FEUERN, DAMIT SICH DIE ZWISCHEN IHNEN LAGERNDE SYNAPSE VERSTÄRKT (ABB.: 43).

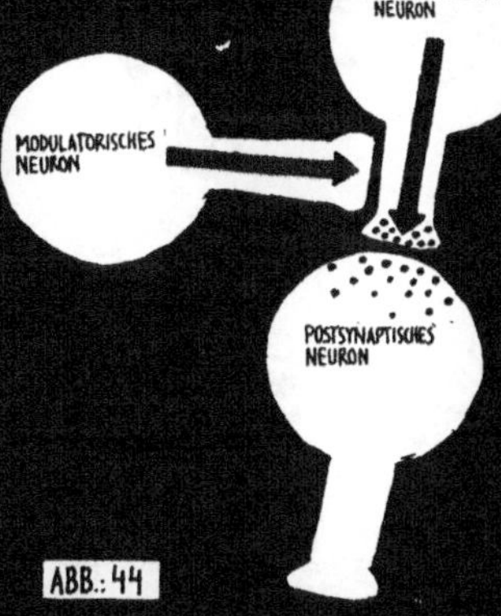

ABB.: 44

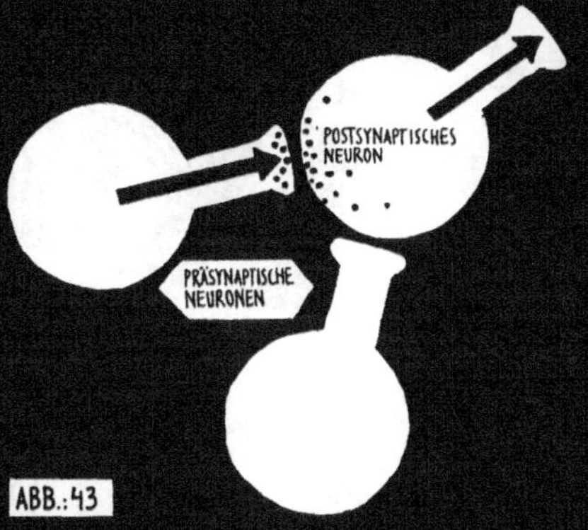

ABB.: 43

NACH EINEM MODELL DES AMERIKANISCHEN NEUROBIOLOGEN E. KANDEL AUS DEM JAHR 1963, MUß DAS NACHGESCHALTETE NEURON NICHT ZUR VERSTÄRKUNG DER SYNAPSE ERREGT SEIN, SOFERN EIN DRITTES, MODULATORISCHES NEURON, WELCHES AUF DIE ENDIGUNG DES PRÄSYNAPTISCHEN NEURONS GESCHALTET SEIN SOLLTE, GLEICHZEITIG MIT JENEM FEUERT (ABB.: 44).

DER AMERIKANISCHE NEUROBIOLOGE G. LYNCH KREIERTE IN DEN 80 ER JAHREN EINE Y-FÖRMIGE GEDÄCHTNISSCHALTUNG, DIE BEIM PROZEDURALEN LERNEN EINE ROLLE SPIELEN SOLL. SEIN MODELL FUNKTIONIERT MIT EINER ZWEISTUFIGEN SCHALTEINHEIT. SIE BASIERT AUF EINER BESTIMMTEN NEUROTRANSMITTER (GLUTAMAT)- UND REZEPTORART (NMDA-REZEPTOREN). DIESER REZEPTOR IST CHEMISCH ALS AUCH SPANNUNGSGESTEUERT. BEI EINEM NEURON IN RUHE BLOKKIEREN MAGNESIUMIONEN DEN IONENKANAL DES NMDA-REZEPTORS. WIRD DAS NEURON ERREGT ①, GEBEN DIE MAGNESIUMIONEN IHRE BLOCKADE AUF. ERFOLGT, WÄHREND DES ERREGUNGSZUSTANDES, AN EINEM ANDEREN EINGANG DER ZELLE EIN ZWEITER IMPULS ②, KÖNNEN DIE NMDA-REZEPTOREN AUF GLUTAMAT REAGIEREN. SO KÖNNEN CALZIUMIONEN IN DIE ZELLE FLIEßEN. DORT LÖSEN SIE EINEN KOMPLIZIERTEN BIOCHEMISCHEN PROZESS AUS. HIERBEI VERÄNDERT SICH DAS ZYTOSKELETT DES NEURONS. DIESE VORGÄNGE BEWIRKEN EINE VERSTÄRKUNG DER SYNAPSENVERBINDUNGEN (ABB.: 45).

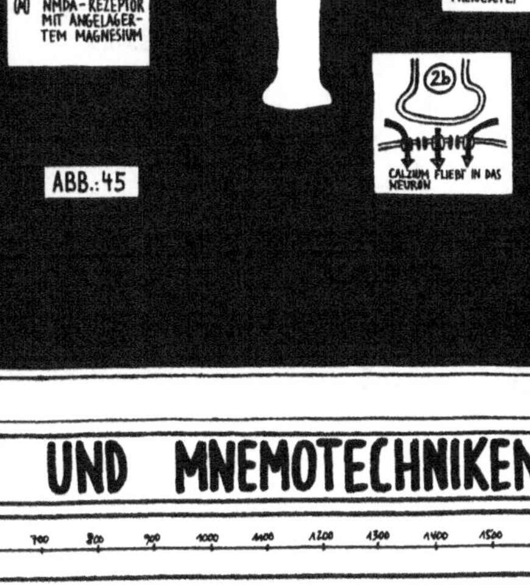

ABB.: 45

GEDÄCHTNISTHEORIEN UND MNEMOTECHNIKEN

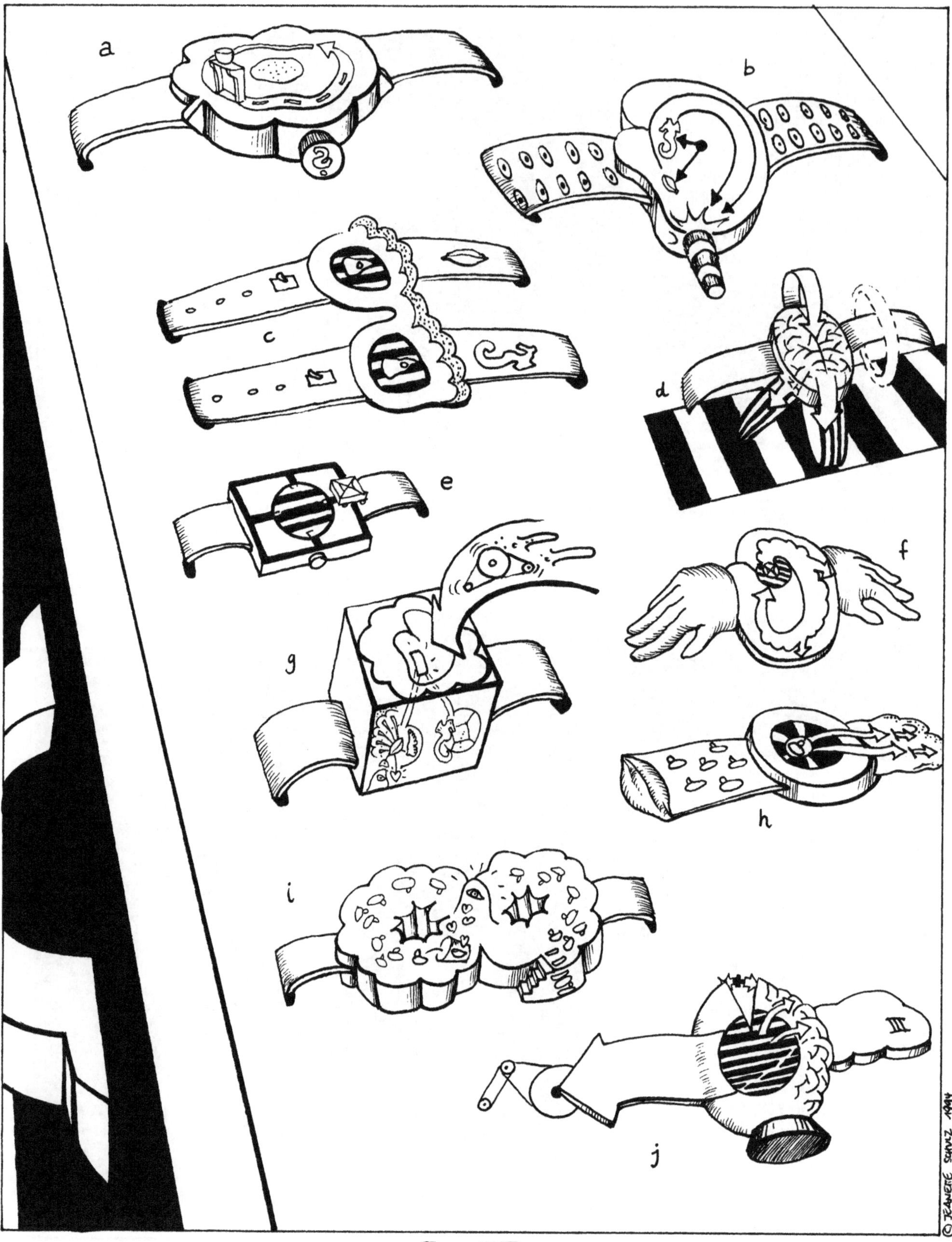

Fig.:

AUF NEUROPHYSIOLOGISCHER EBENE KREIST DIE GEDÄCHTNISFORSCHUNG UM ZWEI HAUPTFRAGEN: WIE KONSOLIDIEREN SICH GEDANKENINHALTE; WELCHE BAHNEN NEHMEN DIE DATEN. IN DERZEITIGEN HYPOTHESEN HERRSCHT DIE ANNAHME, DAß EINE INFORMATIONSVERARBEITENDE STRUKTUR DES VISUELLEN SYSTEMS (ABB.:46), IM UNTEREN SCHLÄFENLAPPEN, BEI AKTIVIERUNG IHRERSELBST, ZWEI SCHALTKREISE ANREGT. DER EINE LÄUFT ÜBER DEN HIPPOCAMPUS (HIPPOCAMPAL), DER ANDERE ÜBER DIE AMYGDALA (AMYGDAL). (ABB.:47) BEIDE SCHALTKREISE SIND MIT STRUKTUREN DES ZWISCHENHIRNS UND DER GROßHIRNRINDE ('GHR') VERSCHALTET. DIESE STRUKTUREN LEITEN DIE INFORMATION ZUM BASALEN VORDERHIRN (WENIG ERFORSCHT) WEITER, DAS WIEDERUM ENG MIT DER GHR VERSCHALTET IST. DURCH DIE ZIRKULATION ÄNDERT SICH DIE ZELLSTRUKTUR DER FEUERNDEN NEURONEN.

HINWEISE ZUR NATUR DIESER SCHALTKREISE KÖNNTE DAS CHOLINERGE SYSTEM DES BASALEN VORDERHIRNS GEBEN. FÜR DIE GHR UND DAS LIMBISCHE SYSTEM IST JENES EIN WICHTIGER LIEFERANT VON ACETYCHOLIN, EINEM NEUROTRANSMITTER. ERFOLGT NUN EINE ERREGUNG DER SCHALTKREISE UNTER DER GHR, SETZT SICH IM BASALEN VORDERHIRN ACETYCHOLIN FREI. IM WEITEREN VERLAUF WIRD DER STOFF WIEDER ZUM SINNESAREAL DER GHR GEFÜHRT. DORT VERÄNDERT SICH DAS NEURONALE NETZ. ES FESTIGT SICH ZU EINER GEDÄCHTNISSPUR.

NEUERE BIOCHEMISCHE UNTERSUCHUNGEN LASSEN DARAUF SCHLIEßEN, DAß MÖGLICHE MECHANISMEN NEURONALER VERÄNDERUNGEN, DIE ALS ORT FÜR EINE GEDÄCHTNISSPEICHERUNG ANGESEHEN WERDEN, IN DEN LETZTEN STUFEN DES SEHSYSTEMS ZU FINDEN SIND. FÜR DEN KONSOLIDIERUNGSPROZESS SIND DIE VERSCHALTUNGEN JENER STRUKTUR ZUR AMYGDALA UND ZUM HIPPOCAMPUS VON BEDEUTUNG. WÄHREND DER HIPPOCAMPUS ÜBERWIEGEND FÜR DAS RÄUMLICHE LERNEN ZUSTÄNDIG ZU SEIN SCHEINT, IST DIE AMYGDALA, DIE MIT IHREN KOMPLEXEN FASERVERBINDUNGEN KONTAKT ZU ALLEN SINNESSYSTEMEN DER GHR UND ZUM THALAMUS HAT, FÜR DIE ASSOZIATIVEN VERKNÜPFUNGSVORGÄNGE ZUSTÄNDIG (ABB.:48). DESWEITEREN ERHALTEN JENE SINNESERLEBNISSE ÜBER DIE KOPPELUNG MIT THALAMUS UND HIPPOTHALAMUS EINE EMOTIONALE EINFÄRBUNG. WEITERE UNTERSUCHUNGEN LASSEN VERMUTEN, DAß DIESE REICH AN OPIATHALTIGEN NEUROTRANSMITTERN IST. JENE STEUERN IN ANDEREN BEREICHEN DES ZENTRALNERVENSYSTEMS DIE ÜBERTRAGUNG VON NERVENSIGNALEN. OPIATHALTIGE REZEPTOREN LOKALISIERTE MAN IM UNTEREN SCHLÄFENLAPPEN, IN EINER REGION DES SEHSYSTEMS. DIE AMYGDALA KÖNNTE HIER EINE 'WÄCHTERPOSITION' INNEHABEN - UND AUF DIE IM HYPOTHALAMUS ERZEUGTEN GEFÜHLSZUSTÄNDE OPIATE AUSSCHÜTTEN, DIE DEN KONSOLIDIERUNGSPROZESS EINFÄRBEN. DIESER VORGANG KÖNNTE FÜR DEN STARKEN EINDRUCK, DEN GEFÜHLSBELADENE EREIGNISSE HINTERLASSEN, VERANTWORTLICH SEIN.

DAS ZUM TERTIÄREN GEDÄCHTNIS GEHÖRENDE PROZEDURALE GEDÄCHTNIS EXISTIERT PARALLEL ZU DEN SCHALTKREISEN DES LIMBISCHEN SYSTEMS. MAN SPEKULIERT, DAß DER GRUNDPROZESS - DIE AUTOMATISCHE VERKNÜPFUNG ZWISCHEN REIZ UND REAKTION - VON DEM STRIATUM UND SEINEN VERBINDUNGEN ZUM SINNESSYSTEM DER GHR MITGESTALTET WIRD. DIE FASERN DES STRIATUMS HABEN KONTAKT ZUR PRÄ- UND SUPPLEMENTÄRMOTORISCHEN RINDE. SO KÖNNEN DIE IN DEN SINNESAREALEN REGISTRIERTEN REIZE MOTORISCHE REAKTIONEN AUSLÖSEN (ABB.:49).

ABB.:46 VISUELLE VERARBEITUNG

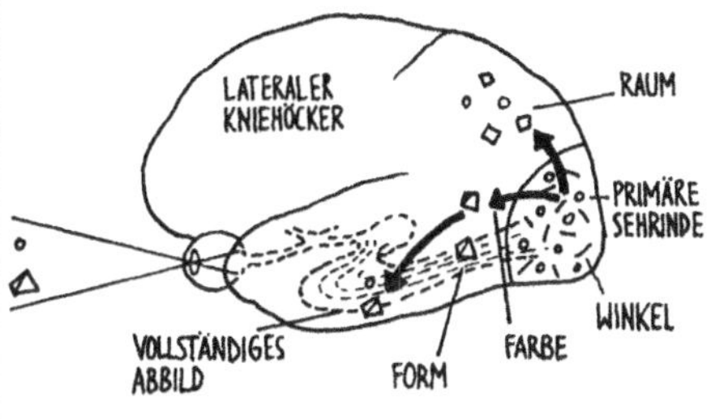

ABB.:47 AM 'GEDÄCHTNIS' BETEILIGTE STRUKTUREN

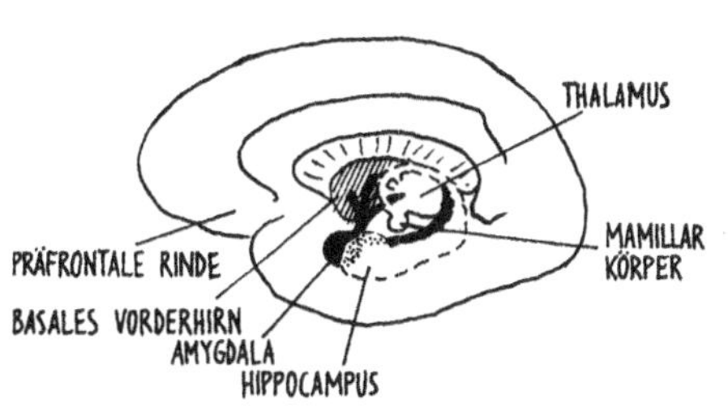

ABB.:48 VERSCHALTUNG AMYGDALA

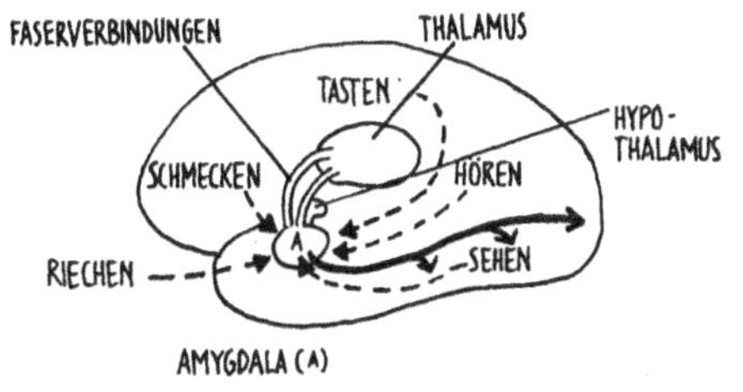

ABB.:49 GEWOHNHEITSBILDUNG

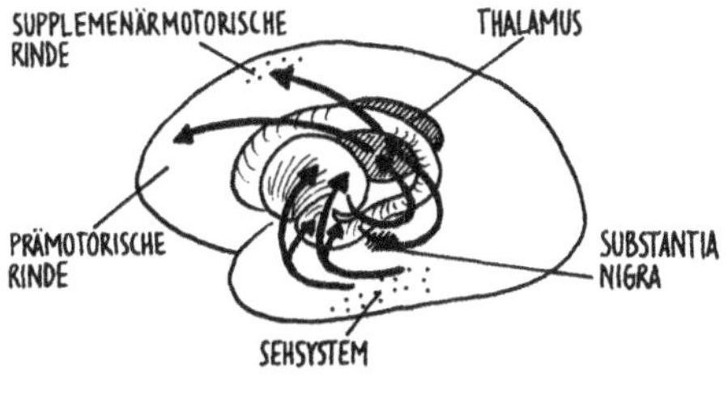

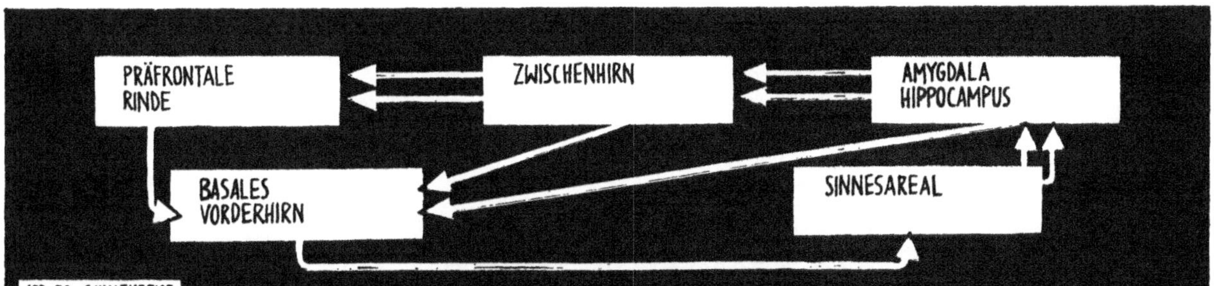

ABB.: 50 SCHALTKREISE

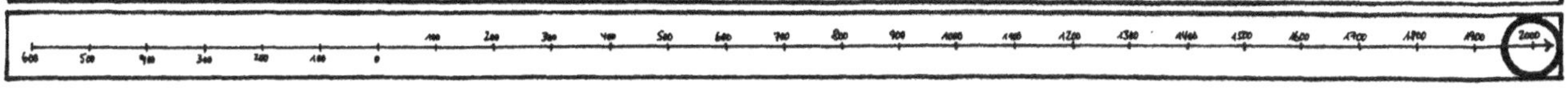

» LOCI & IMAGINES «

ALS AKTIVE FIGUREN KÖNNEN 'IMAGINES AGENTES' BESTIMMTE KOGNITIVE PROZESSE REPRÄSENTIEREN (ZB.: DEN ASSOZIATIONSSPRUNG, DIE FRAGE, DIE VERSCHLEIERUNG, ETC.). IN DER SCHEMATISCHEN DARSTELLUNG WIRD DER INHALT EINES TEXTES MIT DEN AKTIONEN AUSGEWÄHLTER 'IMAGINES AGENTES' ① VERKNÜPFT UND ZU EINEM GEDÄCHTNISBILD VERDICHTET ⓐ. DIESE AKTIONEN SOLLTEN IN EINEM 'GEISTIGEN RAUM' STATTFINDEN ⓑ UND MIT GEGENSTÄNDEN VERKNÜPFT SEIN ②. IM GEDÄCHTNISBILD SIND ES DANN BSPW. DIE SCHUHE ③ DER FIGUREN SOWIE JENE GEGENSTÄNDE, DIE DIE IMAGINÄREN AKTIONEN ZURÜCKRUFEN UND EINEN ERINNERUNGSVORGANG AUSLÖSEN. BEIM MEMORIEREN GRÖßERER TEXTZUSAMMENHÄNGE EMPFIEHLT ES SICH, DIE EINZELNEN GEDÄCHTNISBILDER AN 'LOCI' EINER IMAGINÄR- ODER REAL VORHANDENEN ARCHITEKTUR ⓒ AUFZUBEWAHREN. UM EINE REIHENFOLGE ZU WAHREN, SOLLTEN DIE 'LOCI' MIT BILDERN DER 'HILFSBILD-METHODE' VERBUNDEN SEIN ⓓ. IN DIESEM KÜNSTLICHEN GEDÄCHTNISSYSTEM VERKÖRPERT DIE ARCHITEKTUR, SAMT DEN GEKENNZEICHNETEN 'LOCI', DAS 'KONSTANT VORHANDENE', WELCHES VON DEN 'IMAGINES AGENTES' (UND DEN GEGENSTÄNDEN) IMMER WIEDER NEU BESPIELT WERDEN KANN.

»IMAGINES AGENTES« EINE AUSWAHL AN REPRÄSENTANTEN KOGNITIVER PROZESSE

GEDÄCHTNISTHEORIEN UND MNEMOTECHNIKEN

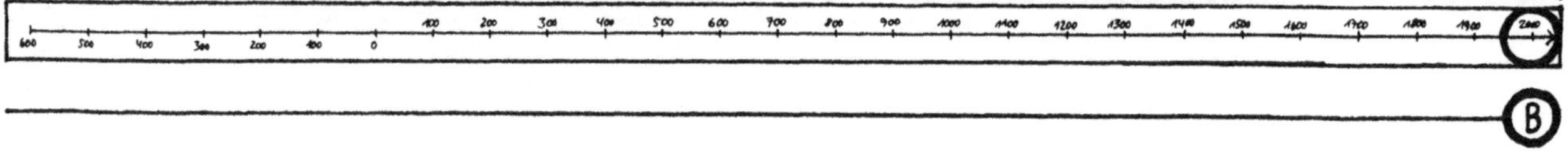

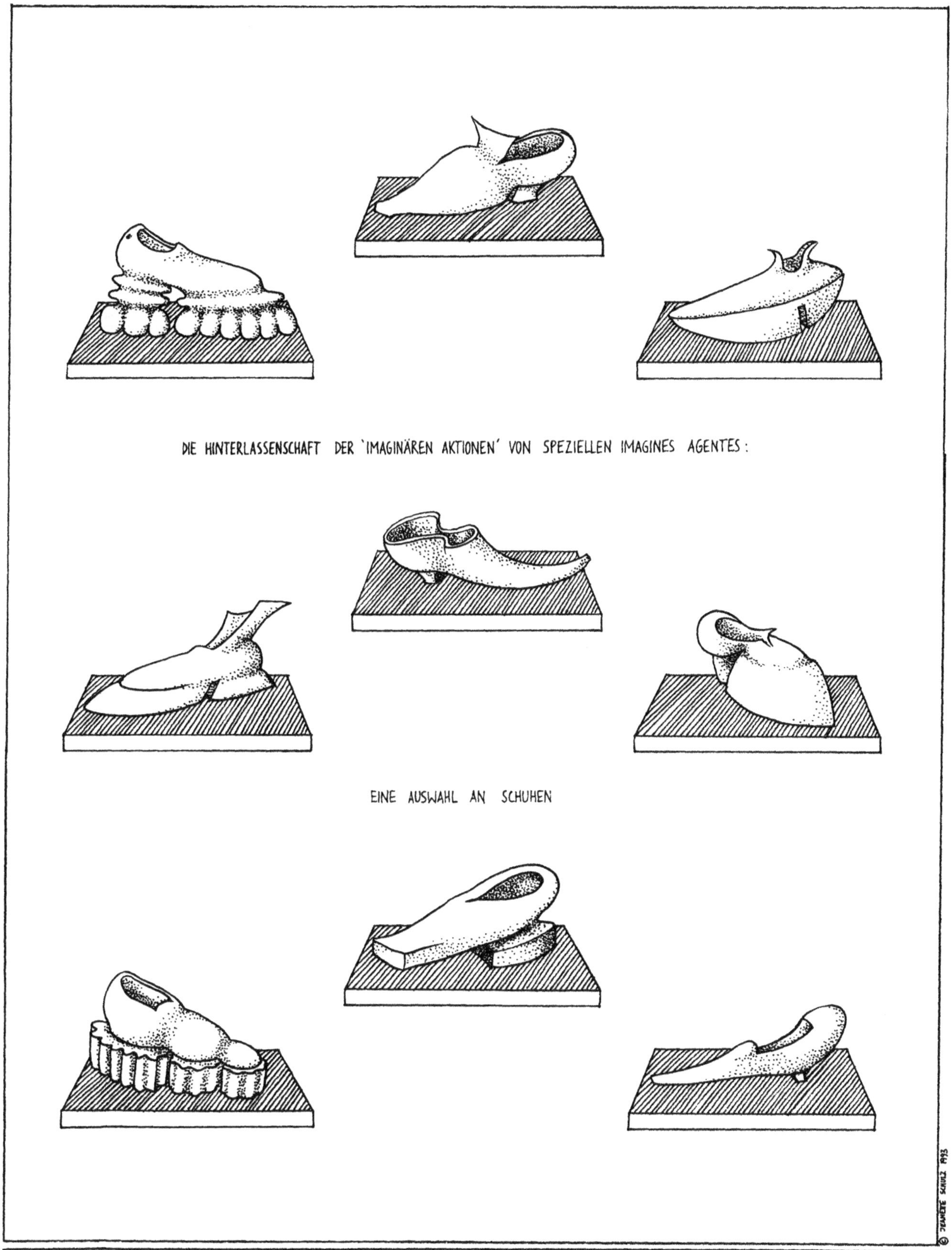

GEDÄCHTNISTHEORIEN UND MNEMOTECHNIKEN

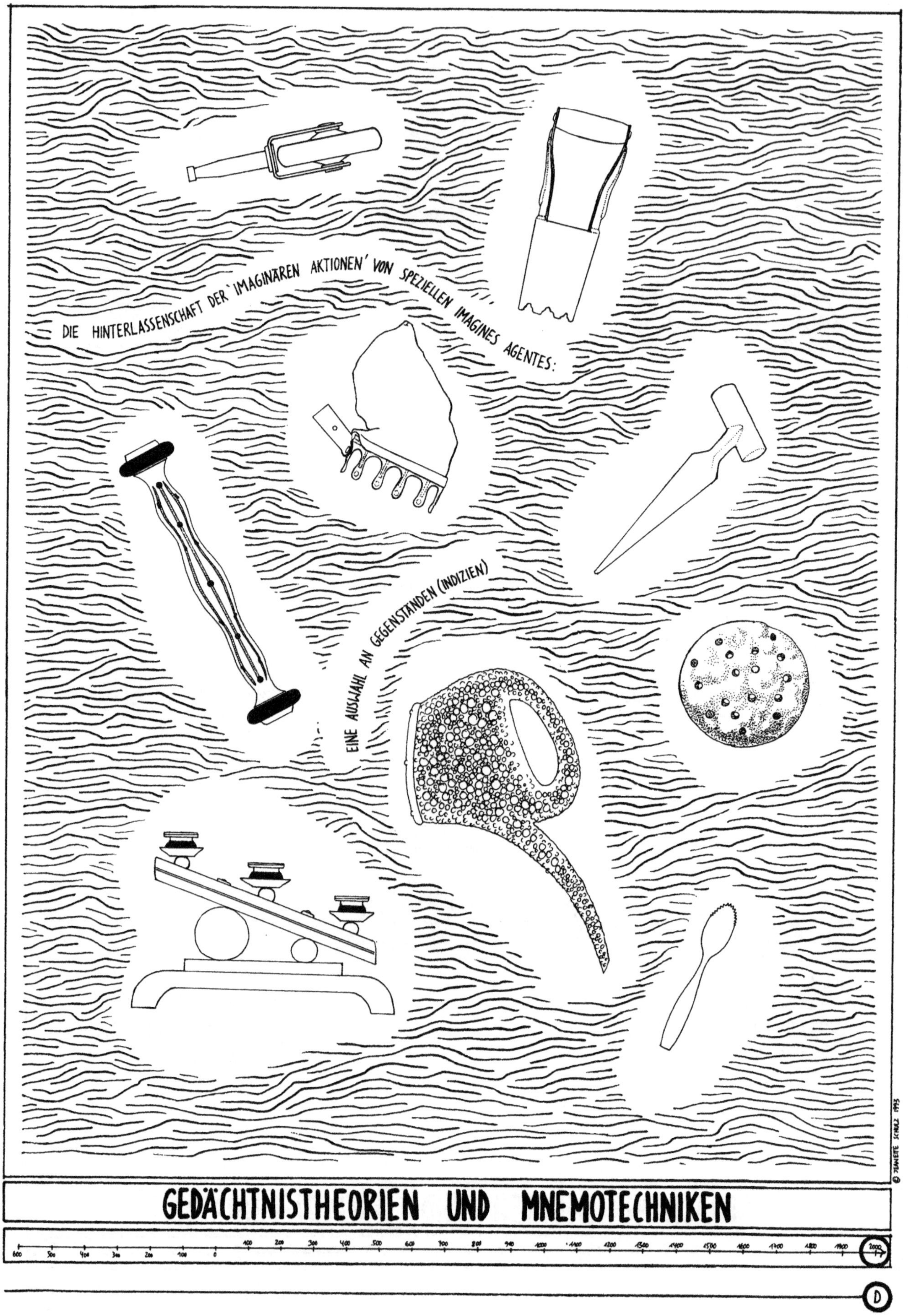
DIE HINTERLASSENSCHAFT DER 'IMAGINÄREN AKTIONEN' VON SPEZIELLEN IMAGINES AGENTES:
EINE AUSWAHL AN GEGENSTÄNDEN (INDIZIEN)
GEDÄCHTNISTHEORIEN UND MNEMOTECHNIKEN
© JEANETTE SCHULZ 1993

ARCHITEKTUREN ALS SPEICHER
FÜR EINE VIELZAHL VON
GEDÄCHTNISBILDERN.
© JEANETTE SCHULZ 1993
GEDÄCHTNISTHEORIEN UND MNEMOTECHNIKEN
E

VORSCHLAG FÜR 'HILFSBILDER', WELCHE DIE IN EINER ARCHITEKTUR AUFBEWAHRTEN GEDÄCHTNISBILDER KENNZEICHNEN.

GEDÄCHTNISTHEORIEN UND MNEMOTECHNIKEN

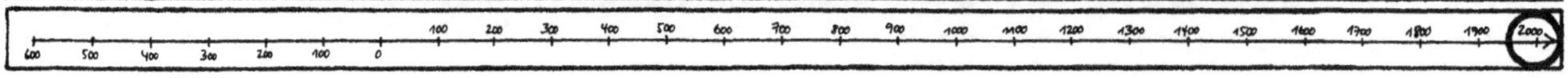

ANWENDUNGSFORMEN DER 'HILFSBILD-METHODE'

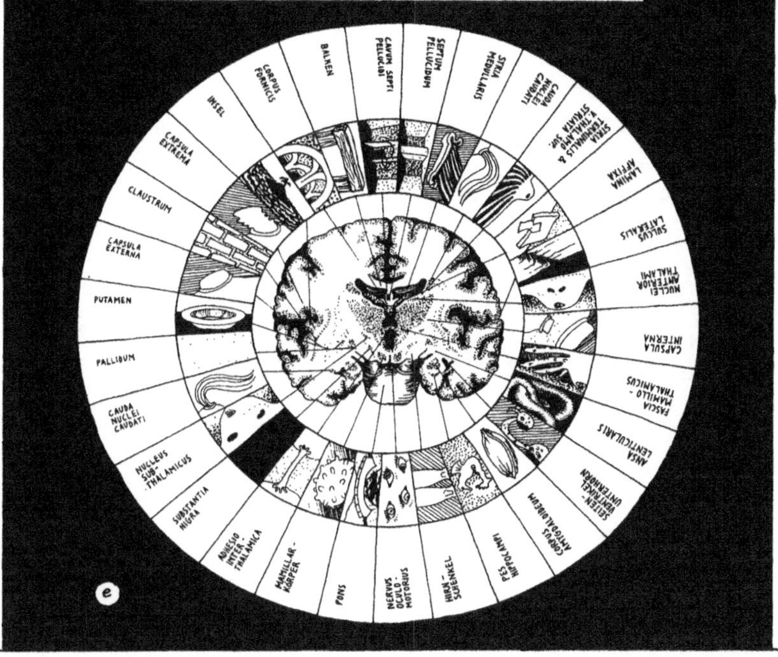

e

BEISPIEL: MEMORIEREN GEHIRNANATOMISCHER ORTE UND BEZEICHNUNGEN, DIE IN EINEM FRONTALSCHNITT DES HIRNS ZU ERKENNEN SIND. ANATOMEN SEHEN IN DIESEM SCHNITT UM DIE DREIßIG AUFFÄLLIGE GEWEBESTRUKTUREN. BEI DER BEZEICHNUNG LIEßEN SIE SICH VON BILDASSOZIATIONEN LEITEN (e). ZUM ZWECKE DES MEMORIERENS WERDEN DIE BEZEICHNUNGEN IN EINE NUMMERIERTE REIHENFOLGE GEBRACHT. DIE NUMMERN VON 1-30 SIND NUN IN IHR ENTSPRECHENDES BILD ZU ÜBERSETZEN (f). EIN GEDÄCHTNISBILD ENTSTEHT, WENN DAS BILD DER NUMMER MIT DEM DER BEZEICHNUNG ZUSAMMENTRIFFT (SIEHE BLATT F).

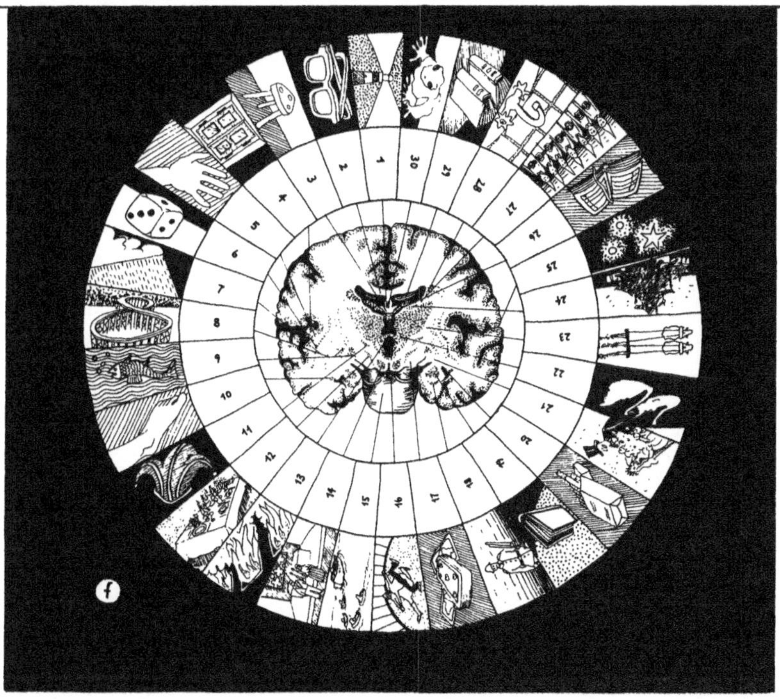

f

WEITERFÜHRENDE LITERATUR:

J.R. ANDERSON, KOGNITIVE PSYCHOLOGIE, HEIDELBERG, SPEKTRUM VERLAG 1988
J.G. BEAUMONT, EINFÜHRUNG IN DIE NEUROPSYCHOLOGIE, BERLIN, VEB DEUTSCHER VERLAG DER WISSENSCHAFTEN 1987
V. BRAITENBERG, KÜNSTLICHE WESEN, BRAUNSCHWEIG, VIEWEG 1986
T. BUZAN, NICHTS VERGESSEN, 4. AUFLAGE, MÜNCHEN, GOLDMANN 1987
P. DUUS, NEUROLOGISCH-TOPISCHE DIAGNOSTIK, 4. AUFLAGE, STUTTGART, THIEME 1987
J.C. ECCLES, K.R. POPPER, DAS ICH UND SEIN GEHIRN, 8. AUFLAGE, MÜNCHEN, R. PIPER & CO. VERLAG 1989
FORSSMANN · HEYM, NEUROANATOMIE, 4. AUFLAGE, SPRINGER VERLAG, BERLIN HEIDELBERG 1985
H. GARDNER, DEM DENKEN AUF DER SPUR, STUTTGART, ERNST KLETT VERLAG 1989
K.H. GÖTTERT, EINFÜHRUNG IN DIE RHETORIK, UTB 1599, MÜNCHEN, WILHELM FINK VERLAG 1991
O.J. GRÜSSER, F. HUCHO, AUS FORSCHUNG UND MEDIZIN, HEFT 1, BERLIN, SCHERING MAI 1990
H. HAKEN, ERFOLGSGEHEIMNISSE DER NATUR, FRANKFURT/M - BERLIN, ULLSTEIN 1988
A. HAVERKAMP, R. LACHMANN (HRSG.), GEDÄCHTNISKUNST, 1. AUFLAGE, FRANKFURT/M, SUHRKAMP VERLAG 1991
G. JOHNSON, IN DEN PALÄSTEN DER ERINNERUNG, MÜNCHEN, KNAUR 1991
W. KLIMESCH, STRUKTUR UND AKTIVIERUNG DES GEDÄCHTNISSES, BERN · STUTTGART, VERLAG HANS HUBER 1988
H. LIPPERT, LEHRBUCH ANATOMIE, 2. AUFLAGE, MÜNCHEN, URBAN UND SCHWARZENBERG 1990
L. MECACCI, DAS EINZIGARTIGE GEHIRN, FRANKFURT/M, CAMPUS VERLAG 1988
M. MINSKY, MENTOPOLIS, STUTTGART, KLETT KOTTA 1990
E. OESER, F. SEITELBERGER, GEHIRN · BEWUßTSEIN UND ERKENNTNIS, DARMSTADT, WISSENSCHAFTLICHE BUCHGESELLSCHAFT 1988
K. POECK (HRSG.), KLINISCHE NEUROPSYCHOLOGIE, 2. AUFLAGE, STUTTGART, THIEME 1989
G. POGLIANI, V. VANNINI, BILDATLAS DES MENSCHLICHEN KÖRPERS, NIEDERNHAUSEN/TS, FALKEN VERLAG 1991
R.M. RESTAK, GEHEIMNISSE DES MENSCHLICHEN GEHIRNS, LANDSBERG AM LECH, MVG VERLAG 1988
S.J. SCHMIDT (HRSG.), GEDÄCHTNIS, FRANKFURT/M, STW 900, SUHRKAMP 1991
R.F. SCHMIDT, G. THEWS (HRSG.), PHYSIOLOGIE DES MENSCHEN, 23. AUFLAGE, BERLIN · HEIDELBERG, SPRINGER VERLAG 1987
J. SCHULZ, TISCH, HAMBURG, MATERIAL VERLAG 1992
J. SCHULZ, STUHL, HAMBURG, 1992 IM BESITZ DER KÜNSTLERIN
J. SCHULZ, GEDÄCHTNISFRÜCHTE, HAMBURG, 1992, IM BESITZ DER KÜNSTLERIN
J. SCHULZ, INDIZIEN, HAMBURG, 1992, IM BESITZ DER KÜNSTLERIN
J. SCHULZ, ELLIPSENPROJEKT, HAMBURG, 1992, IM BESITZ DER KÜNSTLERIN
SPEKTRUM DER WISSENSCHAFT, WAHRNEHMUNG UND VISUELLES SYSTEM, 2. AUFLAGE, HEIDELBERG 1987
SPEKTRUM DER WISSENSCHAFT, GEHIRN UND NERVENSYSTEM, 9. AUFLAGE, HEIDELBERG 1988
SPEKTRUM DER WISSENSCHAFT, DAS GEHIRN, HEFT 11, NOVEMBER 1992
F. VESTER, DENKEN · LERNEN · VERGESSEN, 1. AUFLAGE, STUTTGART, DTV 1978
F.A. YATES, GEDÄCHTNIS UND ERINNERN, 2. AUFLAGE, WEINHEIM, VCH VERLAGSGESELLSCHAFT 1991
W. ZIELKE, TECHNIKEN FÜR EIN BESSERES GEDÄCHTNIS, 5. AUFLAGE, LANDSBERG AM LECH, MVG VERLAG 1989

GPSR Compliance

The European Union's (EU) General Product Safety Regulation (GPSR) is a set of rules that requires consumer products to be safe and our obligations to ensure this.

If you have any concerns about our products, you can contact us on ProductSafety@springernature.com

In case Publisher is established outside the EU, the EU authorized representative is:

Springer Nature Customer Service Center GmbH
Europaplatz 3
69115 Heidelberg, Germany

Batch number: 10816683

Printed by Printforce, the Netherlands